数学传奇

陈忠怀　范军

田富德　赵红　**编著**

THE LEGEND OF MATH

山西出版传媒集团　山西教育出版社

图书在版编目（C I P）数据

数学传奇 / 陈忠怀等编著. — 太原：山西教育出版社，2020.1（2022.6 重印）

ISBN 978-7-5703-0569-8

Ⅰ. ①数… Ⅱ. ①陈… Ⅲ. ①数学史—世界—青少年读物 Ⅳ. ①011-49

中国版本图书馆 CIP 数据核字（2019）第 186141 号

数学传奇
SHUXUE CHUANQI

责任编辑	韩德平	
复　　审	姚吉祥	
终　　审	彭琼梅	
装帧设计	宋　蓓	
印装监制	蔡　洁	

出版发行 山西出版传媒集团·山西教育出版社
（太原市水西门街馒头巷 7 号　电话：0351-4729801　邮编：030002）

印　　装	北京一鑫印务有限责任公司
开　　本	890 mm×1240 mm　1/32
印　　张	5.375
字　　数	156 千字
版　　次	2020 年 1 月第 2 版　2022 年 6 月第 4 次印刷
印　　数	25 606—28 605 册
书　　号	ISBN 978-7-5703-0569-8
定　　价	35.00 元

如发现印装质量问题，影响阅读，请与印刷厂联系调换。电话：010-61424266

代序

◇ ·············

　　我刚刚读完即将付印的《数学传奇》电子稿的全文，感慨良多。

　　这本书的主编陈忠怀老先生写《传奇》早已不是第一次了。他七十寿辰时的豪言壮语是："流金岁月仍精彩，年进七十还少年"。以后，他在《万尔遐同窗》中繁星点点结硕果，在《数学爱好者》上嬉笑怒骂成文章；让几位小朋友乘上华中师范大学"《数学通讯》号"飞船到数学王国去历险；送喜欢"歪掰"的学生魏北在山西《学习周报》上神猜；请原本"畏难"的学生魏南通过江苏《时代数学报》腾飞；更有别出一格的《三不教师古灵碧》在几家网站上同时漫游。直到去年，他还以"常客"的身份在湖北《中学数学》的茶楼上说书。那么《数学传奇》应该是他今年开年以来的又一部力作了。我终于明白了孔老夫子的名言："六十而耳顺，七十而从心所欲"，更看到了"老骥伏枥，志在千里"的现代版。

　　这本书的其他几位作者也不弱，既有曾参与主编《高考数学 $e+$ e》等书的武汉中年教师赵红，又有从山西学习周报社自愿走向教学第一线的青年教师范军，还有年纪轻轻就曾发表过七十篇数学论文的福建田富德。从年龄讲是名副其实的老、中、青；从地域讲又是地地道道的北、中、南三结合。不同地域的作者又从未直接谋面，是共同的志趣和责任感通过高速发展的互联网将他们联系起来。我忽然想到，这四位作者本身也是一个"传奇"式的组合。

　　在这本《数学传奇》中，我们看到了精通"孙子数学"的韩信；运用"公理"撬动地球的阿基米德；使用"数学魔法"大破敌军的韦达；魅力无穷的《名人的勾股情结》和"万里姻缘，一'数'相牵"的新牛郎织女。正是琴棋书画均数理，体面线点亦佳文。陈老师认为：视数学为技术，是数学的初级阶段；视数学为方法，是数学的中级阶段；视数学为文化，才是数学的高级阶段。我为这种"三段论"叫好。

　　人们只知道文学是沟通人情和人性的工具，殊不知数学在沟通人情和人性上更广泛、更深刻。陈老师认为：这社会文化本来是"文""理"结合的产物，缺少了任何一个方面，则社会必定畸形，人类亦不完整。一些文坛名人在不明"理"的情况下去代言广告，因所代言的产品危害社会而导致自己身败名裂；某些青少年连起码的"时间不能倒转""人死不能复生"的"理"也不懂，居然"不求同年同月同日生，但求同年同月同日死"，最后通过共同投水的手段，企图"穿越"到清朝去与皇帝拍电影（见 2012 年 3 月 5 日《武汉晚报》）。当然，他们是一去就再也没有回来，他们的亲人因此而无尽悲伤，一切有理性的人们也为之扼腕叹息。

　　所以"理"离开了"文"固然枯燥无味，但"文"若离开了"理"则会悲剧不断。

　　阿波罗宇宙飞船去联系外星人时，所携带的联络信号不是英文，也不是汉语,而是为宇宙人所能共同接受的数学图案,即数学语言。阿波罗坚信:如果外星人真的是"人",他一定能识别这个"图案"。

由此可知,对于外星上可能存在的高等生物"是人不是人"的判定,最方便的是利用数学语言。

数学文化是可以穿越时空的,它在这一点上超过了普通文化。

在"公开、公平和公正"的数学面前人不分信仰,位不分高低,地不分国界,财不分贫富,时不分古今,龄不分老幼,一律平等。

所以,崇尚真善美的本书作者们,认定了数学是交朋结友的桥梁和纽带。他们为寻找知友,把"数学茶楼"开设在杂志上,开设在网站中,今天又把它推广到书卷里。

《数学传奇》为数学"传人",为数学"立传",我为《数学传奇》叫奇。我相信这部《数学传奇》一定会达到传奇式的奇妙效果。

万尔遐

注:万尔遐先生是国家级教育专家,特级教师。曾参加1984年的高考数学命题。著有多部数学专著,退休后创办的《万尔遐同窗》综合性网站,在全国有较大影响。

目录

01 名人的勾股情结

◇ ·················

　　数学中没有哪一个定理像勾股定理那样,能够在两千多年中"引无数英雄竞折腰"。自觉或不自觉地被卷入巧证勾股定理的,既有数学名人,也有皇帝、总统,甚至还有绘画大师。"勾股定理"本身就是一幅波澜壮阔的历史画卷,一个长盛不衰的千古传奇。

1. 并非异想天开的"陈子测日"

　　我们知道勾股定理的基本内容是:如果直角三角形的两条直角边长分别为 a,b,斜边长为 c,那么 $a^2 + b^2 = c^2$。

　　我国西周初期的商高,最先提出"勾三股四弦五",这是勾股定理的特殊形式。

　　约在公元前 7 世纪,我国的陈子在"测日"时便提出:"勾股各自乘,并而开方除之。"这句话用数学语言表示就是 $c = \sqrt{a^2 + b^2}$,这是勾股定理的完整形式。

　　陈子之所以去"测日",是源于荣方给他讲过"夸父逐日"的凄美故事:

　　　传说在远古的某一天,太阳特别毒辣,天气非常炎热,庄稼被烤死,树木被烤焦,河流干涸,大地龟裂,五谷不长,粮食绝收。部落的首领夸父眼看他的臣民纷纷死去,忧心如焚。他愤怒地说:"太阳实在太可恶了，我一定要捉住它，让它听从人们的安排。"

族人纷纷劝阻："太阳离我们太远了，你不可能捉住它的。"

夸父没有听从族人的劝阻，毅然开始了逐日的旅程。跑了几天之后，他口渴极了，就去喝黄河和渭河的水。黄河和渭河的水不够喝，他又想跑到北方去喝大湖里的水，但还没有跑到大湖就在半路上渴死了。夸父临死时还牵挂着自己的族人，抱怨自己没有将太阳赶上为人们消灾，于是丢弃了他的木杖，那木杖落地之处就长出了一大片桃林。

听完这个故事，陈子说："夸父没有计算太阳的距离就去逐日，太盲目了。"

荣方反问："难道你能算出我们到太阳的距离？"

陈子说："这有何难？如图1，设 S 为太阳的位置，取两根长度为 h 的竖杆 AE 和 CF 立于地面，AE 和 CF 的距离为 d，AB，CD 分别为两杆在地面的影子，设长度为 a，b。由于 $\triangle SHE \backsim \triangle EAB$，$\triangle SHF \backsim \triangle FCD$，所以 $\dfrac{SH}{HE} = \dfrac{AE}{AB} = \dfrac{h}{a}$，$\dfrac{SH}{HE+d} = \dfrac{CF}{CD} =$

图1

$\dfrac{h}{b}$，由此可得 $AO = HE = \dfrac{ad}{b-a}$，$SO = SH + HO = \dfrac{hd}{b-a} + h$。"

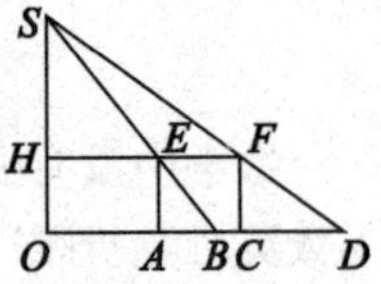

荣方再问："根据你的办法，太阳离我们的距离到底有多远？"

几天后，陈子真的给出了一个日间的距离：约10万里。

荣方惊叹："如果夸父有你这样的几何知识，也就不至于落得如此悲惨的地步了！"

需要说明的是，由于当时测量与技术条件的限制，陈子所测的这个数据是十分不精确的。太阳离我们的实际距离长达1亿5千万公里。此外，太阳表面的温度高达6000摄氏度，人们根本不可能接近它，所以"夸父逐日"的故事虽然凄美，但是根本不可能实现。

"陈子测日"是当时世界上了不起的成就。可惜的是，陈子依然沿袭了我国古代数学重应用轻理论的缺陷，没有给出勾股定理的证明。

2. 毕达哥拉斯学派的疯狂

相传 2500 多年前的某一天，一群人在希腊雅典的某高档餐厅聚会。席间，有的胡吹升官之道，有的神侃发财之经，更有人摇头晃脑地讲述各种社会奇闻。却有一位不起眼的客人，他对这些庸俗的谈论一概不感兴趣，而是久久地凝视着镶嵌在餐厅地板上的那些正方形瓷砖出神。

他叫毕达哥拉斯，是希腊当时一位有名的学者。客人们在频频举杯祝酒，他却无视桌上丰盛的菜肴，忘记用餐，索性钻到桌子底下专心致志地研究起那些图形来。如图 2，他首先连接 4 块相邻的正方形的对角线，得到一个较大的正方形 ABCD，他发现，这个正

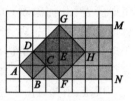

图 2

方形的面积是原来瓷砖正方形面积的 2 倍；继而，他又连接这些较大正方形的对角线，得到一个更大的正方形 BDEF，他发现，这个新正方形的面积又是刚才较大正方形面积的 2 倍；如此类推，他连续连接上一类正方形的对角线，依次得到下一个正方形 DGHF，FGMN，…，他发现，后一个正方形的面积都是前一个正方形面积的 2 倍。

更让他惊奇的是，如图 3，他在一个直角三角形 ABC 的三边上各画一个正方形，他发现：斜边上正方形的面积，恰好等于两直角边上正方形面积之和。

他将类似的操作又进行了几次，发现每次得到的结论都相同。终于他也感到饿了，想到朋友们正在吃饭，于是从餐桌下一骨碌爬了出来，却发现朋友们已经走光了。

饥肠辘辘的他，只好拖着疲惫的身躯离开餐厅。不过他不后悔，在匆匆赶回家之后，毕达哥拉斯竟无法入眠，立即找出一张羊皮纸，将白天餐桌下发现的规律重温，最终总结出：

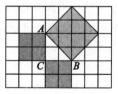

图 3

设直角三角形的三边之长依次为 a, b, c，其中 c 为斜边长，那么 $a^2 + b^2 = c^2$。

这个规律是否适合一切直角三角形，那是需要进行严格的证明的。他通宵达旦演算未果，第二天又发动他的所有弟子（即毕达哥拉斯学派）投入到这个伟大的发现的证明之中。真是功夫不负有心人，几天以后，他们终于找到一种完美的证法。于是，整个学派沸腾了，他们认为这是神的赐予，便杀了一头公牛为神祭祀，而后尽情狂欢。

这个发现是如此伟大，它甚至成为后来欧几里得所著《几何原本》的灵魂。以后西方学者都称他发现的这个定理为毕达哥拉斯定理。在2500年以后的1955年，毕达哥拉斯的祖国希腊还专门发行了一枚邮票（图4）以示纪念。

可是，不知是由于历史资料的遗失，还是毕达哥拉斯学派的秘而不宣，人们至今也不知道他们

图4

当初是如何证明的。也许就是因为这种人为造成的神秘感，几千年来不知多少知名与不知名的人士竞相投入到寻找各种新的证明方法之中。这正是：一条定律让人魂牵梦绕，无数英雄痴心为之折腰。

3. 令人为之倾倒的"赵爽弦图"

约在公元1世纪，正当孙刘联军与曹操大战赤壁之时，有一个东吴人却远离战火纷飞之地，躲进那青山绿水、与世无争的茅草屋中，全力以赴地研究勾股定理的证明方法。

这个人就是赵爽。只见他和他的两位弟子，拿起4块完全一样的直角三角板反复拼凑，终得如图5所示的弦图。于是他长出一口气："好啦，终于大功告成。"

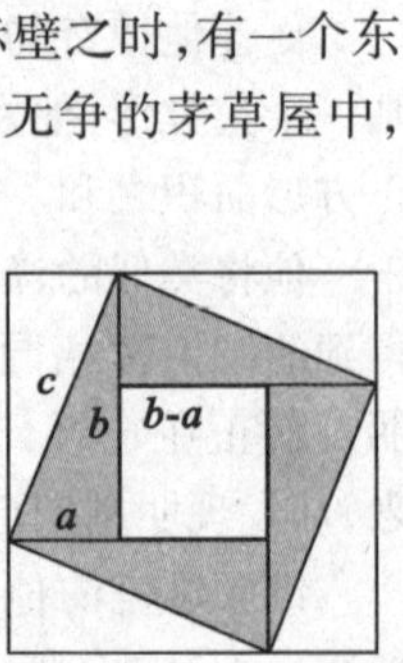

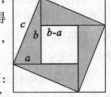

两个弟子却不懂这张弦图深奥的含义，问道："这张图倒是漂亮，可是怎么就证明了勾股定理呢？"

赵爽乐呵呵地笑道："设每块直角三角板的

图5

边长依次为 $a,b,c(a<b<c)$，那么这个边长为 c 的大正方形的面积有两种算法……"

两个弟子恍然大悟，赶紧接着说："第一种算法，边长为 c，面积就

是 c^2；第二种算法，中间小正方形的边长为 $(b-a)$，其面积是 $(b-a)^2$。每块直角三角板的面积都是 $\frac{1}{2}ab$，因为全量等于其各个部分的和，故有 $c^2 = (b-a)^2 + 4 \times \frac{1}{2}ab$，化简即得 $c^2 = a^2 + b^2$。"

图形的构造如此的精美，证法又是如此的简洁神奇，不单是那两个弟子，乃至 2000 多年来无数数学家都为之倾倒。为了纪念这一伟大发现，在 2002 年北京举行的世界数学家大会(图6)上，这张弦图还被制作成大会的会标(图7)。

图6   图7

同年，中华人民共和国邮政部以这张会标为蓝图，发行了一枚面额为 60 分的纪念邮票。

4. 康熙"智"服传教士

在 17 世纪 70 年代，清朝康熙年间，清宫的上书房前有人张贴了一道几何问题：如图8，在 $\triangle ABC$ 中，$\angle ACB = 90°$，在 $\triangle ABC$ 的三边上各立一个正方形。请问：在大清国的各位高级官员中，有没有人能够证明：这个直角三角形斜边上正方形的面积，等于其他两个正方形面积之和？

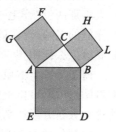

图8

出题人明显地表示出对大清国一切高级官员的蔑视。所以看到这些挑衅语言的人都愤愤不平，但又因为的确没有人能够应对，所以都无可奈何。

这是怎么回事呢？

原来这出题人一个是法国的傅圣泽，另一个是比利时的南怀仁，他们都是来华的传教士。当初康熙帝本着"有朋自远方来，不亦乐乎"的礼数接见了他们。他们在传教的同时，也带来了西方比较先进的自然科学知识。康熙除自己身体力行地带头学习外，还将所有高级官员召集起来，命这两位向他们授课。康熙帝是一个开明的皇帝，他知道这样做可以提高大清官员们的素质，从而增强大清国的国力。

可是在清初那样的科举年代，官员们只关心"之、乎、者、也"之类的儒家学说和步步为营的为官之道，哪里去管什么方程求根和几何作图？所以这些官员们在听讲时，漫不经心的有之，不懂装懂的有之，瞌睡连天的也有之。

这两位一看教学一月有余却毫无建树，无法向皇帝交代，就想出了那样挑衅性的歪招。当然，这种招数激怒了清宫的所有高级官员，于是有人找到军机大臣张廷玉："这两个洋毛子太嚣张了，应该杀一杀他们的威风。"

张廷玉苦笑着说："康熙爷支持他们，我们又能如何？"

微服私访的康熙帝终于回来了，随他回来的还有他的贴身侍卫魏东亭。他们也看到了那张图形，出人意料的是，康熙帝不仅没有处置那两位传教士，还将那些自命清高的官员们着实批了一顿："你们有本领就回答人家的问题呀，凭什么想压制人家？"

第二天，康熙帝将群臣集中到那张图前，又命人将那两位"洋毛子"请来，训示群臣："他们是你们的老师，现在请他们给你们讲讲，这道题到底该怎么证明。"

傅圣泽扫了群臣一眼，随手取出一把佩刀，对着图形（图9）由上而下这么一划："现在，我将这个大正方形切割为左右两块。"

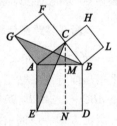

图9

南怀仁也拿起佩刀在图上划了两下："以下，我们分别连接 CE 和 BG。显然，左边的长方形 AMNE 与 △ ACE 等底等高，左边的小正方形 ACFG 又与 △ ABG 等底等高，而这两个三角形是全等的。这就说明，左边的长方形与左边的正方形等积；同样的，右边的长方形与右边的正方形等积。这不就证明了：这个大正方形的面积等于两个小正方形面积之和吗？"

由于康熙帝在场,大臣们只好平心静气地听,当然,多数人是没有听懂的。

不料康熙帝静静地听完后,竟说:"我看,你们两位的证法似乎太烦琐了!"

正等待康熙帝赞扬的两位传教士,万万没想到康熙帝竟然抛出这样一句话。虽然心中不服,口中仍然诚惶诚恐地问道:"看来皇帝一定有更好的证法了,我们两位正洗耳恭听呢。"

康熙帝命魏东亭取来一把剪刀和一张正方形的纸片:"如图 10-1,这张正方形纸片的边长为 c,所以它的面积是 c^2。"

康熙帝拿起剪刀剪了三下,接着说:"现在,大正方形被剪成了 1,2,3,4 共四块,其中 1,2 两块都是边长分别为 a,b,c 的直角三角形(c 为斜边)。现在我将这两块移开,重新拼成图 10-2 的形状,你们看,这两个正方形的面积是不是分别为 a^2 和 b^2 呢?"

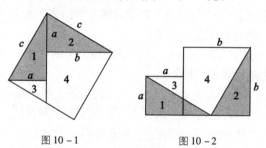

图 10-1　　　　　图 10-2

众大臣一起喝彩,两位传教士也听呆了,显然,皇帝的证法比他们的证法要优越、简洁得多。

两位"洋毛子"伸出大拇指:"你的证法太神奇了!"

回过头来他们望着魏东亭:"想不到你们这位皇帝还真有两下子。"

魏东亭不屑一顾地说:"这个算什么?我们皇帝 8 岁登基,少年时代就智擒鳌拜、勇削三藩,以后更是内收台湾、外拒沙俄,那是文治武功、政绩卓著啊!"不过,魏东亭有一句话没有讲。那就是他跟随康熙帝微服私访时,曾拜访过清初的大数学家梅文鼎。而康熙帝这种"剪刀"证法正是他介绍的。尽管如此,魏东亭还是对康熙帝满怀敬意。这是因为康熙帝虽贵为帝王却虚心好学,不耻下问,且在"洋毛

子"面前机智应对,为国人长脸。

"洋毛子"再次伸出大拇指:"敬佩,敬佩,真是千古一帝啊!"

"洋毛子"这句话一点不假。因为在中国历史上,能够如此精通数学,且在数学上有所专注的皇帝,也只有康熙一人。

5."亡羊补牢",总统仍然尊严

却说历史又向前推进了100年,在大洋彼岸的美利坚合众国,有一个叫做约翰的男孩和一个叫做玛丽的女孩。他们正在海边幽静的树林中激烈地争论某个问题,不想被正在散步的俄亥俄州共和党议员伽菲尔德遇到。伽菲尔德好奇地问:"你们在争论什么呢?"

小男孩问:"先生,如果直角三角形的两条直角边分别为3和4,那么斜边的长为多少呢?"

"当然是5啰。"伽菲尔德不假思索地回答。

小男孩又问道:"如果两条直角边的长分别为5和7,那么这个直角三角形的斜边长又是多少呢?"

"那斜边的平方一定等于5的平方加上7的平方。"伽菲尔德心想,这种问题你还难不倒我。

不料小男孩穷追猛打:"先生,你能说出其中的道理吗?"

伽菲尔德一时语塞,无法解释了。因为他只会用勾股定理,至于这个定理是怎么来的,他还真不曾想过。不想那两个小孩竟讥讽道:"听说你还在竞选美国总统啊,怎么连我们这样的小问题都回答不了?"

受此奚落,伽菲尔德顿感颜面扫地。于是他立即回家,潜心探讨小男孩的难题。

经过反复思考与演算,他还真找到一种简洁的证法:

构造一个如图11所示的直角梯形,则梯形的面积有两种算法。第一种为:

$$S_{梯形} = S_{\triangle I} + S_{\triangle II} + S_{\triangle III} = \frac{1}{2}ab + \frac{1}{2}c^2 + \frac{1}{2}ab;$$

第二种按梯形面积公式有:

$$S_{梯形} = \frac{1}{2}(b+a)(a+b),$$

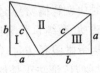

图11

于是 $\frac{1}{2}(b+a)(a+b) = \frac{1}{2}ab + \frac{1}{2}c^2 + \frac{1}{2}ab$,

化简即得 $a^2 + b^2 = c^2$。

这种证法是如此奇妙,伽菲尔德感到特别满足,特别享受。第二天,他迫不及待地再次来到昨天与两个小孩相遇的地方,可惜的是,那两个小孩他再也找不到了。

但是他始终不忘那两个小孩给他的教训。在无计可施时想到了媒体,于是他将自己的发现作为稿件寄发出去。1876 年 4 月 1 日,《新英格兰教育日志》首次公开发表了他的证法。1881 年伽菲尔德竞选总统成功,他的证法也因而更广泛地流传开来。

6. 弟子"移情别恋",大师妙法空前

在 15 世纪的欧洲,有一位著名画家也与勾股定理结下了不解之缘,他就是意大利的达·芬奇。

这一天,达·芬奇拿出他的名作《蒙娜丽莎》让弟子们临摹。可让他吃惊的是,当他去检查弟子们临摹的情况时,却意外发现,在 20 位弟子中,竟有半数人不是在作画,而是在思考研究一道名题——毕达哥拉斯定理的证明方法。他没有去责备那些学生,相反,他饶有兴趣地鼓励和欣赏这些弟子们的"另类佳作"。忽然,达·芬奇走到其中一位跟前停下,觉得他的证明方法很好,就索性让他向其余弟子展示他的"佳作"。

受到达·芬奇的鼓励,这位弟子就毫不犹豫地展示了自己的思路:"画两个边长为 $a+b$ 的正方形。按如图 12-1 所示的方法分割,得正方形的面积 $S = a^2 + b^2 + 2ab$;按如图 12-2 所示的方法分割,得正方形的面积 $S = c^2 + 2ab$。

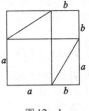

图 12-1

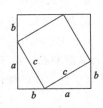

图 12-2

以上两个正方形的面积应该相等，所以 $a^2 + b^2 + 2ab = c^2 + 2ab$，也就是 $a^2 + b^2 = c^2$。"

达·芬奇表扬了这个弟子。话锋一转，他又说："从艺术的角度讲，绘画与数学都是相通的。我也研究过毕达哥拉斯定理，而且也找到了一种证法。

第一步，我将边长分别为 a,b 的两个正方形和边长都是 a,b,c 的两个直角三角形拼合在图 13 – 1 中，且画出整个图形的对称轴；

第二步，将拼合成的图形整体从画板中移出，如图 13 – 2；

第三步，将取出的图形沿对称轴剪开，然后保留图形的左边，而将右边按照垂直方向上下翻转180°后重新拼合，如图 13 – 3。这就证明了勾股定理。"

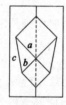 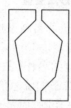 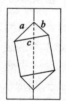

图 13 – 1   图 13 – 2   图 13 – 3

众弟子听得莫名其妙，他们一时理解不了这种"美术证法"的玄机，就纷纷向老师讨教。

达·芬奇提示道："在图 13 – 1 与图 13 – 3 中的两个图形，它们的面积是否相等？"

被达·芬奇表扬过的那位弟子恍然大悟，他无比佩服地说："让我们仔细欣赏老师的这种奇思妙想：

在图 13 – 1 中，所嵌入图形的面积为 $S_1 = a^2 + b^2 + ab$。

在图 13 – 3 中，最终获得一个边长为 c 的正方形和两个直角三角形（直角边长分别为 a,b）。故其面积 $S_2 = c^2 + ab$。显然 $S_1 = S_2 \Rightarrow$ $a^2 + b^2 + ab = c^2 + ab$，所以 $a^2 + b^2 = c^2$。"

一阵热烈的掌声响起。弟子们无不感叹：这个证法既有老师特有的灵感，又将数学证题中的构造和割补思想运用得淋漓尽致，让人拍案叫绝。这正是：

千载传奇说勾股，百世伟功话缘由。

痴情投入证勾股，皇帝总统也风流。

02 毕达哥拉斯学派的悲哀

◇ ··········

虽然毕达哥拉斯发现勾股定理，比我国的商高发现"勾三股四弦五"要晚一千多年，比陈子讲的"勾股各自乘，并而开方除之"也要晚几百年，但他毕竟是世界上第一个给出勾股定理理论证明的人，所以直到今天，西方国家都一直称这个定理为毕达哥拉斯定理。

但是毕达哥拉斯及其学派的致命弱点是信奉神学，这不仅限制了他们的理论研究，还曾酿成人为的悲剧。这得从研究勾股定理的逆定理说起。

1. 勾股逆定理与勾股数

如图 1-1，如果 △ABC 的三边长 a, b, c 满足 $a^2 + b^2 = c^2$，那么 △ABC 一定是直角三角形，其中斜边的对角为 90°。这就是勾股定理的逆定理。

证明勾股定理的逆定理并不难。其中最简单的办法是运用勾股定理证明逆定理。

如图 1-2，作 △$A_1 B_1 C_1$，使得 $B_1 C_1 = a, A_1 C_1 = b, \angle A_1 C_1 B_1 = 90°$。根据勾股定理，必有 $A_1 B_1 = \sqrt{a^2 + b^2} = c$。于是 △$ABC$ 与 △$A_1 B_1 C_1$ 满足三边对应相等，故必全等。所以 $\angle ACB = \angle A_1 C_1 B_1 = 90°$，即 △$ABC$ 一定是直角三角形。

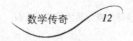

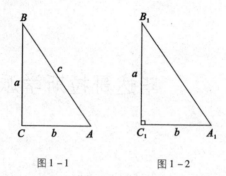

图1-1   图1-2

难的是如何根据勾股定理的逆定理寻找一切勾股数,也就是使 $a^2 + b^2 = c^2$ 成立的一切正整数。

我国西周人商高发现了"勾三股四弦五",这个"3,4,5"是世界上最早发现的一组勾股数。以后,无名氏发现了 $5^2 + 12^2 = 13^2$,这个"5,12,13"便是另一组勾股数。

"如何寻找其他勾股数",就成为另一个千年不衰、极具魅力的问题。

人们首先想到,既然"3,4,5""5,12,13"是勾股数,那么由它们的正整数倍所确定的数,即"3k,4k,5k""5k,12k,13k"(其中 k 为正整数)也一定是勾股数。

2. 人类发掘勾股数的三个阶段

为了寻找不同类型的勾股数,人们将不含公约数的勾股数,称为"基本勾股数"。

(1)毕达哥拉斯学派在发掘勾股数中是有功的,他们发现了一组求勾股数的公式:

$$a = 2n + 1, b = 2n^2 + 2n, c = 2n^2 + 2n + 1 \qquad ①$$

这里 n 为正整数。

由于 $(2n+1)^2 + (2n^2+2n)^2 = (2n^2+2n+1)^2$ 成立,所以由公式①表示的任何一组数都是勾股数。

当 $n = 1, 2, 3, \cdots$ 时,由公式(1)计算而得的勾股数依次为:3,4,5;5,12,13;7,24,25;$\cdots$

留心观察这一组勾股数:

$3^2 = 4 + 5 \Rightarrow 3^2 + 4^2 = 5^2$，得勾股数 3，4，5；

$5^2 = 12 + 13 \Rightarrow 5^2 + 12^2 = 13^2$，得勾股数 5，12，13；

$7^2 = 24 + 25 \Rightarrow 7^2 + 24^2 = 25^2$，得勾股数 7，24，25；

……

所以公式(1)实质是说：将任何一个大于1的奇数平方后分拆成两个相邻整数之和，那么这两个整数与原来的奇数组成勾股数。

又由于两个连续正整数不含大于1的约数，所以毕达哥拉斯勾股数全都是基本勾股数（三边之长的公约数为1）。

可惜的是，毕达哥拉斯勾股数并不完整。至少，由基本勾股数的倍数得到的勾股数都不在其中。

此外，毕达哥拉斯勾股数也不能反映一切基本勾股数。例如：$8^2 + 15^2 = 17^2$，这里，8，15，17 是基本勾股数，却并不能由毕达哥拉斯的公式导出。

(2)在毕达哥拉斯以后约100年，柏拉图学派也发现了勾股数的又一个公式：

$$a = n^2 - 1, b = 2n, c = n^2 + 1 \qquad ②$$

这里 n 是大于1的整数。

公式②也满足 $(n^2 - 1)^2 + (2n)^2 = (n^2 + 1)^2$，所以它反映的任何一组数一定是勾股数。

柏拉图勾股数是否包括所有勾股数呢？

我们按照公式②依次写出前几组柏拉图勾股数如下表：

n	a	b	c
2	3	4	5
3	8	6	10
4	15	8	17
5	24	10	26
…	…	…	…

至少表中不含基本勾股数 5，12，13，所以柏拉图勾股数也不完整。

(3)约在公元1世纪，我国的刘徽在《九章算术》中作注时明确指出计算勾股数的一组公式是：

$$a:b:c = \frac{1}{2}(m^2 - n^2):mn:\frac{1}{2}(m^2 + n^2)，其中 m:n = (c + a):b, m >$$

$n > 0$。※

（※内容摘自《中学教师手册》第 3 - 38 页，上海教育出版社 1986 年 5 月版）

今天，我们还可以将以上法则简化为：m, n 为正整数且 $m > n \geqslant 1$ 时，由

$$a = m^2 - n^2, b = 2mn, c = m^2 + n^2 \qquad\qquad ③$$

计算得出的任意一组数都是勾股数。

这是很容易证明的：

由于 a, b, c 都是正整数，且 $(m^2 - n^2)^2 + (2mn)^2 = (m^2 + n^2)^2$ 一定成立，所以 a, b, c 必定是勾股数。

在公式③中，如果令 $n = 1$，就成为公式②，可见柏拉图勾股数只是刘徽勾股数的特殊形式。

若在公式③中令 $m = n + 1$，公式③又成为公式①，可见毕达哥拉斯勾股数也是刘徽勾股数的特殊形式。

这就是说，刘徽勾股数比毕达哥拉斯勾股数或柏拉图勾股数都完整得多，这是我国数学家在整数论方面的重要贡献。

刘徽勾股数是否能够完整地反映一切勾股数？这又是一个千年未决的问题。直到公元 17 世纪，法国数学家笛卡儿在勾股定理的基础上创立了解析几何学，人们才最终证明了："刘徽勾股数"就是完整的勾股数。

3. 毕达哥拉斯学派的悲哀

勾股数是指满足 $a^2 + b^2 = c^2$ 的三个整数，然而直角三角形的三边长未必都是整数，还可以既非整数又非分数。值得说明的是，对这些数的研究竟引发了持续近 2000 年的数学危机，这就是无理数的产生与认可。

毕达哥拉斯在世时曾经以自己为中心创立了毕达哥拉斯学派，凡是加入学派者必须宣誓：不以任何方式向外泄露在本学派学得的知识。

　　这个学派的成员实质上是神学论的忠实信徒。他们认为人类是上帝创造的。上帝造人,后来又造猪、狗等动物,都是一个一个做的,因此神造世界万物时,也创造了正整数;而人们在享受上帝赠送的物品时,有时无法均分,这就产生了分数。于是,毕达哥拉斯学派只承认整数和分数,认为它们是"有道理的数",也就是有理数。以后,他们进一步提出"万物皆数",认为任何问题都能够用恰当的有理数去解释。

　　可是,让毕达哥拉斯没有想到的是:自己发现的定理却颠覆了他们的观念。这个学派有一个才华横溢的弟子叫希帕苏斯,在如下的研究中,他发现了一个数学怪题:

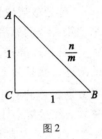

图 2

　　如图 2,$\triangle ABC$ 是腰长为 1 的等腰直角三角形,设斜边长为 c,根据毕达哥拉斯定理,应该有 $c^2 = 2$。显然,c 是介于 1 与 2 之间的数,但不是整数。

　　按照当时学派的观点,c 只能是分数。设 $c = \dfrac{n}{m}$,其中 m, n 为整数且互质(即不含 1 以外的公约数)。

　　既然 $c^2 = 2$,也就是 $\left(\dfrac{n}{m}\right)^2 = 2 \Rightarrow n^2 = 2m^2$,又由于 m, n 是整数,所以最后的式子说明,n 必是 2 的倍数。设 $n = 2p$,那么 $4p^2 = 2m^2 \Rightarrow m^2 = 2p^2$,这里 p, m 都是整数,故 m 也是 2 的倍数。再令 $m = 2q$,这里 m, q 都是整数。以上推理说明互质的整数 m, n 又有公约数 2。如此矛盾的结果怎会发生?

　　还有,上述分析过程可以无限制地继续下去,那么,在 m 与 n 之间可以分析出数不清的公约数 2,这又怎么能够解释 m, n 为整数而且互质呢?

　　这就是说,学派的指导思想已经无法自圆其说。希帕苏斯坚信:世界上除有理数之外,一定还存在一种当时不为人知的新数。

　　这一天,学派的一些核心成员来到地中海的海滨,租得一艘游船划向大海深处,虔诚地祭奠学派的领袖毕达哥拉斯逝世 50 周年。

　　面对风光秀丽的大海,也在船上的希帕苏斯不由得一声感叹:

"先生虽然走了,但是他的思想指引着我们前进的道路。我们一定要将先生的思想继续发展下去!"

划桨的是一位长满络腮胡子的大个子,一听此话立即停止划桨:"你说什么? 先生的思想本来就是完美无缺的,你居然敢言'发展'? 如此狂妄,先生的在天之灵也容不得你!"

希帕苏斯毫不示弱地回答:"那不见得,如果我们能将先生的思想发扬光大,即使他在世,也一定会奖赏我们的。"

"你还敢胡说!"大个子的嘴都气歪了,其他一些人也接着怒吼起来:"当心我们惩治你!"

"各位冷静些,"希帕苏斯将他此前研究的成果向大家作了简要的阐述,"腰长为1的等腰直角三角形的斜边,根据先生的定理,它的平方是2,我将它用$\sqrt{2}$表示。显然这$\sqrt{2}$介于1与2之间,所以它不是整数。经过精密计算,我又发现它既不是有限小数,也不是无限循环小数,也就是说它不是分数,所以它一定不是有理数。"

"不是有理数,那就是毫无道理的数! 你这个混蛋,竟敢一再玷污先生的思想!"说着,以络腮胡子为首的几个大汉一拥上前,将希帕苏斯抬起来抛向大海,一个很有才华的新星就此陨落。这是毕达哥拉斯学派的悲哀,也是世界数学史上的悲哀。

但是在那以后,毕达哥拉斯学派的其他一些人又陆续发现了$\sqrt{3}$,$\sqrt{5}$,$\sqrt{7}$,…和圆周率 π 一类既不是整数又不是分数的数。他们后悔了,后悔自己的蛮横无理葬送了一个很有才华的同伴,甚至还有人一边忏悔,一边"呜—呜—"地哭了。大概是为了让后人们不要忘记那一段可悲的历史,他们索性称这些新发现的数为"无理数"。从此,关于无理数的合理性就一直争议不断,直到1872年德国数学家戴德金才完整地建立了关于无理数的理论,无理数的合理性才得到承认。但是由于历史的原因,"无理数"这个并不科学的名称一直沿用到2000多年后的今天。

03　几何王国没有王者之路

◇ ⋯⋯⋯⋯⋯

在几千年的数学史上，没有谁的影响力超过了欧几里得，也没有任何一本书像欧几里得的《几何原本》那样拥有如此众多的读者、被译成如此多种语言。在公元 1482 年以前，《几何原本》只有手抄本，而在 1482 年初次印刷以后的短短几百年间，各种语言版本早已超过 1000 种。

欧几里得
（约前 330—前 275）

历史上难以计数的名人都是读着《几何原本》长大，并走向成功的。笛卡儿、牛顿、爱因斯坦等科学巨匠都说过自己得益于《几何原本》的熏陶。直到今天，《几何原本》的主要内容仍然是各国数学课本的基本内容之一。

欧几里得出生于希腊雅典，从公元前 330 年到公元前 275 年，只活了短短的 55 年，可是他对人类社会的影响力却长达 2200 多年，而且还将继续深刻地影响下去。他和他的《几何原本》本身就是一个不朽的传奇。

1. 求学于柏拉图学院

在欧几里得那个时代,古希腊有 3 个最负盛名的学者,他们是柏拉图、柏拉图的老师苏格拉底和其学生亚里士多德。其中对青年欧几里得影响最大的就是柏拉图及其学派。

原来柏拉图受毕达哥拉斯学派的熏陶,特别看重数学,相信世界万物都是神按照数学规律创造的,乃至在他创办的学院大门上镌刻着:不懂数学者不得入内。

约在公元前 310 年,一群从各地慕名而来的年轻人聚集在这所学院门前。面对着那行神秘且威严的文字,许多人望而却步,柏拉图学派的名气太大了,他创办的学院实在高深莫测。

其中一个年轻人感到好生奇怪:"大家老远赶到这里来,却为什么迟迟不敢进去?"

有人摇着头,叹口气说:"这句话太震撼了,谁敢进去?"

也有人嘟囔着抒发自己的疑虑和不满:"如果我们已经懂得数学,还老远跑来干什么?"

问话的那个年轻人看了大家一眼,竟果断地推开了学院大门,头也不回地走了进去。

这个人就是欧几里得。他进去后遭遇到什么,历史没有记载。人们只知道,他终于进去了,而且从此开始了他的光辉历程。据此,人们有各种不同的推测。

一种说法是:他不惧权威,很勇敢。别人不敢进门,而他敢。兴许,柏拉图当初定下的"不懂数学者不得入内"的警示,正是为了检验众多求学者的勇气。连第一步都不敢迈出的人,能指望他将来会有大的作为吗?欧几里得一定是这么想的:进去了,就有机会去经历,去体验,去发展,就有成功的希望,绝不会损失什么;反之,若放弃了进去的机会,就绝没有成功的可能。

第二种说法是:他有一定的数学实力,很自信,所以顺利地通过了考核。一个脍炙人口的故事是他曾经轻而易举地解决了当时的一道难题:"如何测量金字塔的高度?"他的办法是:在太阳光照射下,当人的身影与身高正好相等时,去测量金字塔的影长。

　　第三种说法是他以雄辩的口才说服了试图阻止他进门的那些人。

　　其中最有说服力的观点是：

　　1."不懂数学者不得入内"的标准不明确。一些小孩子都有一定的心算能力，你能说他们不懂数学？世界上还有一些谁都解决不了的难题，你能够说这些人都不懂数学？

　　2."不懂数学者不得入内"的提法不合理。今天不懂数学的人，不意味着他明天还不懂，更不意味着他永远不懂。正因为他不懂，所以才需要学习，我们没有理由拒绝他们学习的权利。

　　3."不懂数学者不得入内"会产生不利影响。学院是聚集和培养人才的，这种提法阻碍了学院的发展。

　　所以能不能进这所学院的标准应该改为："不爱数学的人不要入内"，或者在门外公示一道具有思考性的数学问题，例如："你会测量金字塔的高度吗？"再注明："不能给出合理答案的人，不得入内。"

　　有勇气，有信心，正是欧几里得成功的第一要素。

2. 成功在亚历山大新城

　　在柏拉图学院学习的几年中，欧几里得不仅熟知了柏拉图的全部学说，还有机会接触并研究自公元前7世纪以来的各种数学流派及其著作。但是这期间发生的两件事对欧几里得触动很大。

　　一是唯心主义的指导思想限制了柏拉图学派的发展。一个典型的实例是柏拉图的学生亚里士多德（前384—前322），仅因为不赞同他的老师"理念先于实体"的观点而引起柏拉图本人的不满，柏拉图去世后，亚里士多德更受到学派的排挤，尽管他才华横溢，还是没有成为柏拉图学派的继承人。为坚持自己的观点而另图发展的他留下了一句千古名言："吾爱吾师，吾更爱真理。"

　　另一件事是一个叫托勒密的将军结束了由于亚历山大大帝去世而开始的分裂战争，重新占领了埃及，恢复了横跨欧亚非三洲的庞大帝国，并在亚历山大新城建立了首府。托勒密和他的直接继承人都十分关注科学的发展，努力把亚历山大城建成世界知识分子的乐园。托勒密一世建立了一座称为缪斯姆（Museunl）的著名大学，托勒密二世又创建了世界第一所博物馆,托勒密三世则创建了当时世界最为庞大的图书馆。这几件事足以使亚历山大新城替代雅典而成为当时世界文化的中心。

约在公元前305年,已经锋芒初露的欧几里得抓住这个千载难逢的发展机遇,毅然决然地离开雅典及柏拉图学院,来到托勒密一世创建的那所大学。也正是在那里,他有条件博览群书,对数学各个领域进行了广泛的研究。特别要提的是,他将公元前7世纪以来希腊积累起来的丰富庞杂的几何文献,整理成一个严密统一的体系,从原始定义开始,列出5条公设,通过逻辑推理,演绎出一系列定理和推论,从而建立了被称为欧几里得几何学的第一个公理化数学体系。人们惊叹他才华出众,欧几里得因此而名声大振。

任何机遇都是可遇而不可求的,能够及时地发现和抓住机遇,是欧几里得成功的决定性因素。

3. 几何没有王者之路

来到亚历山大新城的欧几里得如鱼得水,他的事业突飞猛进,名声极大。他所创建的欧氏几何更是魅力无穷,仰慕他的弟子从世界各地纷至沓来。

权倾一时的埃及国王托勒密一世发现了这种景象,也想亲自品尝一下几何学的乐趣。他把欧几里得找来,请他为自己讲授几何学。但是欧几里得讲了半天,国王却听得一头雾水,无奈之中,他问欧几里得,了解几何学有没有什么简单的方法。欧几里得回答:"在几何学里,大家只能走一条路,没有专为国王铺设的大道。"这句话的含义是,学好几何,只能靠勤奋学习,扎实钻研。你即使有王者的无上权威也不能例外。他这句话后来被人精简为"几何无王者之路"。

那段时间还有一件趣事。由于欧几里得的弟子很多,求学的目的也不尽相同。一次,他的一个学生问他,学会几何学有什么好处?他不满这种眼光短浅、急功近利的学习动机,于是幽默地对仆人说:"给他三个钱币,因为他想从学习中获取实利。"

关于学习,马克思更总结出脍炙人口的名言:在科学上没有平坦的大道,只有不畏劳苦沿着陡峭山路攀登的人,才有希望达到光辉的顶点。

几千年来虽然有不可胜数的人从几何学习中获益,但仍然有不少人只能做几何的附庸,其基本原因就是不理解几何学习的真实意义。对此,20世纪80年代我国的青年数学家杨乐,在一次演讲中曾有一段精辟的论述:"有人问:'我将来参加工作又用不上几何,为什么现在要用大块的时间去学习几何呢?'我的回答是,'几何学习的真实意义是思维能力的训练与提高。而几何学习中这种能力的潜移默化,是其他任何学科所无法替代的。正因为如此,学历越高的人,其逻辑思维能力就越强,对社会的贡献就可能越大。'"

4. 天才勤奋铸就欧式几何

欧几里得的成功不是偶然的。在他之前,已经有许多希腊数学家作了大量的开拓性工作,积累了许多数学知识。不过这些知识是零碎的、不连贯的,有些甚至是错误和互相矛盾的。他要成就他的事业,就得在有限的时间内整理这些长达四五百年的零碎知识,使之统一到一个严密、完整的全新结构中去,其资料之浩繁、工作之艰辛,是常人所无法想象的。《几何原本》的成功,就好比一个高明的建筑师将那些零碎的建筑材料经过精选和重新加工,终于创建成一栋摩天大厦。当然,这不仅有赖于他的天才,更因为他的勤奋。

为什么欧氏几何能够绵延2200多年而不衰?为什么那么多名人、科学家都声称自己是读着《几何原本》长大的?为什么直到今天欧氏几何还是各国基础文化教育的主要内容之一?为什么在可以预见的将来,欧氏几何还将继续发挥其无可替代的作用?一句话,欧几里得和他的《几何原本》的魅力所在!

一部书籍能够长盛不衰,它必须具备科学性、独立性、实用性和无止境的探索性。

欧几里得和他的《几何原本》正是具备了这四个方面的特点。

其一,《几何原本》具有科学、严密、完整的公理、定理化系统。

《几何原本》共13卷。其基本内容是:

卷1 基本定义、定理和公理、公设,各种直线形;

卷2 用几何方法论述代数恒等变换;

卷3,4　讨论圆与正多边形及其有关性质；

卷5,6　讨论比例与相似形；

卷7~9　数论；

卷10　处理无理量；

卷11~13　论述立体几何。

可以看到，即使在2200年以后的今天，这些论述仍然是我们中学数学的主要内容。

《几何原本》中无论哪一卷，都是从最原始、最简单的定义、公理、定理开始，以此为基础逐渐演绎成文的。

欧几里得的目标是使这个系统不存在未被承认的、根据推测和不严格的直觉而得到的假定。他叙述了23个定义、5个几何公设以及5个附加的公理。

定义是给概念作解释的。例如，他规定关于平行线的定义是："位于同一平面，朝两个方向任意延长后在两个方向上都不相交的两条直线。"

公理是为大家公认为正确，且不加证明就采用的。如，关于等量的公理有：

1. 与第三个事物相等的两个事物彼此相等；

2. 等量加等量所得的总和相等；

3. 等量减等量所余的差相等；

4. 能彼此重合的事物相等；

5. 整体大于部分。

当然，公理的数量是越少越好。以这些定义、公理为基础推导出的，又可以作为新的论证依据的正确结论则称为定理。在他的《几何原本》里，一共证明了465条定理。

2200多年的数学史证明，凡是以这些定义、公理、定理为基础推导出来的新的结论，几乎无一例外都是正确的，这正是这部巨著长期魅力四射的根本原因。

其二，《几何原本》有明确的，区别于其他学科的研究对象。也就是说，它具备独立性，是不可代替的。

欧几里得认为：

"点是只有位置没有大小的,但是点运动成线;

线(段)是只有长短没有宽窄的,但是线(段)可以向两方无限延长,而且线运动成面;

面是既有长短,又有宽窄而无厚薄的,但是面运动成体;

体是既有长短,又有宽窄,还有厚薄的。"

因此,说到底几何学的研究对象只是点、线、面、体这四大元素。

至于这四大元素之间的关系,他说:"体的界限是面,面的界限是线,线的界限是点。"

那么,几何学又为什么能够区别于其他学科呢?

举例来说,对于同一个几何体,例如球体,它可以是铁铸的,木削的,或泥巴捏的。

铁球在足够的高温下会熔化,在水中会下沉,在空气中放久了会生锈;木球在火中会燃烧,在水中能够浮起;泥球在火中会越烧越硬,在水中会变成稀泥。这一些几何都是不管的,它们分别是物理和化学的研究任务。

但是这三种球都有本质的属性,这就是它们的形状都是球,几何学只研究它们的形状、位置、大小。这种更本质的研究范围,是其他任何学科所代替不了的。不仅如此,物理、化学等学科虽然都有各自特有的计算,却都以数学运算为基础。因此,人们有充足的理由认为,数学是打开一切自然科学的钥匙。

其三,《几何原本》规定了严密的逻辑推理方法,而这种方法是能够千年不衰的。

几何学的推理基础是形式逻辑,它的基本规律有四个:

1. 同一律。含义是:在任何一个推理论证中,同一个对象或概念只能有一种解释。

2. 矛盾律。含义是:互相矛盾的两个判断,不可能同时成立。

3. 排中律。含义是:在存在与不存在,可以和不可以,正确与不正确之中,只能选择其一,不能模棱两可。

4. 充足理由律。含义是:没有正确理由或理由不完整的判断,不能认为是正确的。

此外,《几何原本》要求几何作图必须是规范的,也就是必须运用

"尺规作图"。

如果违反了以上任何一条,论证就会出现偏差,甚至错误。

欧几里得认为:一切结论必须经过理论上的推证才能够确定其正确性。

一个有趣的例子是:有人声称发现了一个表示质数(即除了1和本身外,不存在其他约数的正整数)的公式,即如果n为正整数,那么形如$A = n^2 - n + 41$的数都是质数。

人们经过验算,发现$n = 1, 2, 3, \cdots, 40$时,计算所得$A = 41, 43, 47, \cdots, 1601$等连续40个数据全是质数,但可惜的是,至少当$n = 41$时,$A = 41 \times 41$不是质数。这个实例再次雄辩地证明了:仅靠有限次实验得到的任何结论都是靠不住的。

欧几里得又认为:推理论证的依据必须是正确的。

另一个有趣的例子是:有人声称能够证明$2 = 1$。其方法是:

假定$a = b$,那么$a^2 = b^2$且$a^2 = ab$,

$$\therefore \quad a^2 - b^2 = a^2 - ab \Rightarrow (a + b)(a - b) = a(a - b)$$
$$\Rightarrow a + b = a$$
$$\Rightarrow 2a = a,$$

$\therefore \quad 2 = 1$。

在这个"证明"中,条件的不充分造成依据的不正确。因为a或b都可能为0,同样的,$a - b$也可能为0,而0是不能做除数的,证明也是站不住脚的。

欧几里得还认为:在几何题的推理论证中,作图必须是正确的。

一道有趣的诡辩题是:证明任意三角形是等腰三角形。

证法是:如图1,在$\triangle ABC$中,$AB > AC$。

作$\angle A$的平分线和BC的垂直平分线交于点O,连接BO, CO,再作$OE \perp AB$于点E,$OF \perp AC$于点F。

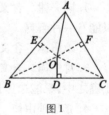

图1

显然$AE = AF$,且$OE = OF$,$OB = OC$。故Rt$\triangle BOE \cong$ Rt$\triangle COF$。于是$BE = CF$。故$AE + BE = AF + CF$,即$AB = AC$,$\triangle ABC$是等腰三角形。

以上的证明,单从推理上是无可挑剔的,因为其依据的定理都正确,问题出在作图。如果认真运用尺规作图,点 O 是不可能在三角形内部的,而这一点,也是容易推理论证的。

其四,许多好的几何题的设计不仅是精美的,还是能够"延伸"的。

学过初中数学的人都知道,五角星形的各顶角之和为 180°。那么 $n(n \geqslant 5)$ 角星形的顶角和是多少?

对于六角星形,容易知道其顶角和为 360°,即等于 180°的 2 倍。于是我们猜想:七角星形的各顶角之和为 180°的 3 倍。

这个猜想是正确的,证明方法如下:在图 2 所示的七角星形 $ABCDEFG$ 中,连接 BD,EG。容易知道,这个七角星形的顶角和等于五角星形 $ABDEG$ 的顶角和再加上 $\triangle EFG$ 和 $\triangle DBC$ 的内角和。

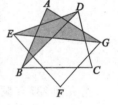

图 2

我们继续推测:$n(n \geqslant 5)$ 角星形的顶角和为 $(n-4) \times 180°$(有兴趣的读者不妨研究其证明方法)。这样,我们就将"五角星形的各顶角之和为 180°"这个优美的结论延续到了 $n(n \geqslant 5)$ 角星形。

所以我们说几何的真正魅力又在于它无止境的探索性。人们在推理论证中会极大地感受到几何的图形美和结构美,并享受到征服困难的快感。它还能够使人的智力经久不衰。这也就是古往今来许多名人、伟人酷爱几何的根本原因。

欧几里得的《几何原本》是人类取之不尽、用之不竭的宝贵财富。让我们以学好几何,用好几何的实际行动,去纪念这位伟大的数学先驱。

04　　　　一条公理"撬动地球"

◇ ⋯⋯⋯⋯⋯

公元前287年阿基米德出生在意大利南端西西里岛的叙拉古。从辈分上讲,他是欧几里得学生埃拉托塞和卡农的门生,11岁起就在当时希腊文化中心的亚历山大城学习。他博览群书,特别是钻研了《几何原本》,雄厚的基础知识、严谨的思维方法和勤勉的创作精神使他最终成为伟大的物理学家和天文学家,更成为世界无可争辩的三大数学家之首(其他两位是牛顿和高斯)。

阿基米德
(前287—前212)

1."阿基米德来了,快跑!"

在第二次布匿战争中,罗马人进攻叙拉古,阿基米德用自己的科学知识保卫祖国,使弱小的叙拉古能够与强大的罗马军队对抗。在长达3年的保卫战中,阿基米德留下了太多的神话。

有人说,他根据自己发现的杠杆原理制造的投石机使趾高气扬的罗马军队死伤无数,一看见城头上出现类似机械的物品,罗马人就闻风丧胆,甚至高呼:"阿基米德来了,快跑!"

有人说,他将全城的妇女儿童集中起来,每人拿着一面凹面镜,利用太阳的强大反射光集中到一艘艘罗马战船上，最终将其全部烧毁。

还有人说，气急败坏的罗马人为了报复阿基米德，驱使大批奴隶推着他们制造的攻城塔向叙拉古的城门逼近，而阿基米德却不慌不忙地指挥守城士兵利用弓箭射出无数带着油脂的火球，烧得罗马人鬼哭狼嚎。

虽然这些传说带有神话色彩，到底有多大的真实性，人们无法考究。但有两点是无可争辩的：

其一，强大的罗马军团能够很快地横扫欧亚大陆，唯独在弱小的叙拉古城受阻，足足花费了 3 年时间。叙拉古虽然最终城破国亡，可是起决定作用的并不是罗马军队的强大，而是在守城的雇佣军中出现了叛徒。

其二，阿基米德的确是数学物理天才，运用他的丰富知识制造的守城破敌器械起了重大作用。

如果不是因为阿基米德的智慧，叙拉古城别说抗争 3 年，在强敌面前，他们一个月也坚持不了。

所以知识就是力量，说"一个阿基米德胜过罗马人的 5 个军团"是毫不为过的。

2. 穷尽宇宙亦可数

阿基米德在他的著作《砂粒计算》中，提出了一个让人匪夷所思的观点：虽然和宽广的宇宙相比，一粒砂是那么的渺小，但若将整个宇宙填满砂粒，他也能够计算那些砂粒有多少。

须知，在 2000 多年前，人们的记数方法还非常落后，想表示一个稍微大些的数都十分困难。以那种能力去统计填满宇宙的砂粒，简直是异想天开，乃至于不少人称他为"疯子"。

在古罗马，最大的计数单位是"千"，他们用"M"表示"一千"，"三千"则写成"MMM"。这在当时已经是够大的数了，可是后来比"千"大得多的数不断涌现，例如为了表示"万"，则需要记为"MMMMMMMMMM"，也就是连写 10 个"M"。那么要表示 1000 万，岂不是要连写 1 万个 M？如果填满宇宙的砂粒真能够计算出来，用多少个"M"去表述是不可想象的。

阿基米德解决了这个问题,他从当时已经引用的"万"开始,引进新数"亿"作为第二阶单位,然后是"亿亿"(第三阶单位),"亿亿亿"(第四阶单位),等等,从"亿"开始每阶单位都是它前一阶单位的1亿倍。这样,表示可能发现的一切大数就简便多了。所以他敢于声称,即使将整个宇宙填满砂粒,如此巨大到不可想象的大数也能够用他的记数方法表示出来。

唯一需要更正的是,在阿基米德所处的时代,人们所知道的数,其大小都是有限的,还不认识"无穷大"。拿现在的观点看,宇宙是无限的,所以不可能用有限大的数字来表示它。尽管如此,这种奇特的想象仍然使他的同时代人咋舌。自他以后,人们再想表示任意大的数就不再困难了。

3. 一条公理"撬动地球"

阿基米德的一句脍炙人口的名言是:"给我一个支点,我就能够撬起整个地球。"

说出这样的豪言壮语,他的底气何在?依据是什么?

在他的数学著作中,有一条由他提出、而被后人命名的阿基米德公理:

"对于任何正整数 a,b,如果 $a<b$,则必有自然数 n,使 $n×a>b$。"

这条公理的含义是:"无论两个整数相差多么大,我们总能够找到一个足够大的整数 n,使小数的 n 倍超过大数。

所以地球再重,其重量也是有限的;我的力量再渺小,我总可以找到一个充分大的整数 n,使得我的力量的 n 倍超过整个地球之重。

宇宙的范围不是很广吗?即使将整个宇宙填满砂子,我们也能够找出比这些砂粒总数大得多的数。

敌人不是非常强大吗?可是我的力量再弱小,我总有办法将它 n 倍起来,使之超过敌人的力量。"

还有一个有趣的传说:叙拉古国王曾经为埃及国王修建一艘巨大的船。这船太重了,重到动员叙拉古全城人也无法将其推下水。可是阿基米德利用杠杆原理和多个滑轮制造出一套奇妙的机械,他将一根粗绳一头连接战船,一头交到国王手中,这时国王只轻轻将那支粗绳拉动,战船就缓缓地滑入水中。这是完全可能的,根据阿基米德公理,船再重,人的力量再小,总可以设法将人的力量 n 倍地放大。当 n 足够大时,人力的 n 倍就可超过船的重量。

所以,弱小的阿基米德能够让敌人闻风丧胆;微不足道的个人力量,不仅能够驾驭地球,还可以傲视宇宙。一句话,阿基米德公理能够无尽地开发人的智慧与潜力。

4. 杠杆,杠杆,还是杠杆

物体的重心位置,始终是阿基米德研究的重点。可是谁能想到,阿基米德正是潜心研究物体的重心才发现了杠杆原理。而一个几何体的重心所在,反过来又是通过杠杆原理发现的。

一条质量分布均匀的棍子(看成线段)其重心必定在这条线段的中点,这就是杠杆原理。

三角形的重心在哪?

如图 1,将 3 个质量均匀的小球依次置于 $\triangle ABC$ 的 3 个顶点。由于线段 BC 的重心在其中点 D,那么点 D 处相当于置放了 2 个同质量的小球,于是点 D 与点 A 处小球的质量比为 2:1。于是线段 AD 的平衡点应该在 $AG:GD=2:1$ 处。这就是说,点 G 将 $\triangle ABC$ 的中线 AD 划分为 2:1。

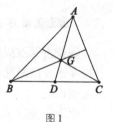

图1

同理,点 G 也将 $\triangle ABC$ 的其他 2 条中线划分为 2:1。

这就证明了三角形重心的性质:它将每条中线都分为 2 与 1 之比。

如果将 $\triangle ABC$ 置于平面直角坐标系中,并设其三顶点的坐标依次为 $A(x_1, y_1)$,$B(x_2, y_2)$,$C(x_3, y_3)$,根据上面的推理,$\triangle ABC$ 重心的坐标一定是 $G\left(\dfrac{x_1+x_2+x_3}{3}, \dfrac{y_1+y_2+y_3}{3}\right)$。

以上推导三角形重心定理的武器,也是杠杆原理。

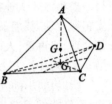

图2

如图2,将4个质量均匀的小球依次置于四面体 $ABCD$ 的4个顶点,$\triangle BCD$ 的重心为 G_1,那么点 G_1 相当于集中了3个质量均匀的小球。于是点 A、G_1 处小球的质量比为 $1:3$,从而点 G 将线段 AG_1 划分为 $3:1$。

我们称 AG_1 为四面体 $ABCD$ 的一条重心线,那么四面体的重心性质是:它将每条重心线都分为 $3:1$。如果将四面体 $ABCD$ 置于空间直角坐标系中,并设其四个顶点的坐标依次为 $A(x_1, y_1, z_1)$,$B(x_2, y_2, z_2)$,$C(x_3, y_3, z_3)$,$D(x_4, y_4, z_4)$,根据上面的推理,四面体 $ABCD$ 重心的坐标一定是:

$$\left(\frac{x_1 + x_2 + x_3 + x_4}{4}, \frac{y_1 + y_2 + y_3 + y_4}{4}, \frac{z_1 + z_2 + z_3 + z_4}{4} \right)。$$

以上推导四面体重心性质的武器,还是杠杆原理。

5. 罪恶的屠刀

叙拉古保卫战坚持了3年而终于城破沦陷。指挥罗马军队的马塞拉斯十分敬佩阿基米德的聪明才智,下令不许伤害他,还派一名士兵去请他。

不幸的是这位士兵早就对阿基米德耿耿于怀,因为阿基米德曾经给罗马军队带来巨大创伤。他也理解不了马塞拉斯所说"请他"的含义。所以当他找到阿基米德后,立即命令他赶快到他们统帅马塞拉斯那里去。阿基米德并不知道城门已破,也没有理会到底是谁在命令他,而是继续专心致志地研究他的几何图形。直到他发现那美丽的图形上忽然多了一条罪恶的黑影,回过头来,才发现了那一群凶神恶煞的罗马士兵。他终于明白了,自己已经国破家亡,没有办法继续效力他亲爱的祖国,也没有办法给人类留下最后的遗产。于是淡淡地回答:"别慌,待我证明完图形中的原理再走。"

充满仇恨的罗马士兵一见那些图形更是来气。心想,"我们吃你的苦头已经够多了,你还想继续设计对付我们的武器吗?"于是他一步跨进阿基米德绘图的沙盘,高高举起屠刀,再次命令:"快走!"

阿基米德立即扑下身子,用全身护住沙盘,凄厉地高呼:"不要毁坏我的图形。"

罗马士兵愤怒到了极点:"你这个糟老头竟敢不听从我们的命令?"不由分说,一剑刺穿了阿基米德的胸膛,还踩坏了他用生命保卫的图形,人类有史以来最伟大的科学巨星就此陨落。

事后,有人看到沙盘上遗留着不少残缺的圆。人们不清楚的是,这些圆到底隐藏着什么样的秘密?

既然这个人们未知的秘密值得阿基米德用生命去捍卫,那么这些圆的价值就非同小可。注意到阿基米德是伟大的数学家的同时也是物理学家和天文学家,所以,他通过这些圆所探索的未知领域,大约有 3 种可能。

如果那些圆象征着天体运行的规律,那么哥白尼的日心说就可能早 1500 年面世;如果那些圆是在继续研究圆与其内接或外切正多边形的位置关系的话,他就会把他已经发现的圆周率的范围 $\frac{223}{71} < \pi < \frac{22}{7}$ 再大大向前推进一步;如果他是继续用他特有的"穷竭法"研究圆形物体的面积与体积的话,他可能使人类至少提早 1800 年叩开微积分学的大门。

可是巨人却一去不返,那个罗马士兵罪恶的屠刀,不只是毁掉了阿基米德的生命,也给人类的科学史造成无可估量的损失。

6. 阿基米德墓碑

马塞拉斯得到阿基米德被杀的不幸消息,勃然大怒,他立即以杀人犯的名义处死了那名士兵。他还抚慰了阿基米德的亲属,主持建造了阿基米德陵墓并亲自为之祭奠。

遵照阿基米德生前的遗愿,在他的墓碑上刻着他生前最得意的研究成果,那是一幅如图 3 所示的几何图形:一个圆柱及其内切球。它的含义是什么?阿基米德生前的研究成果无数,他为什么偏爱这幅几何图形?

发现这个图形纯属偶然。一次,阿基米德邻居的儿子詹利到他家的小院子玩耍,忽然看见阿基米德有许多做实验用的各种几何体模具。顽皮的詹利对阿基米德说:"叔叔,我可以用你这些模具搭建一座教堂吗?"

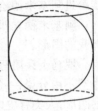

"当然可以!"阿基米德很喜欢这个小詹利,放下手中的工作,兴致盎然地关注这个小孩的"建筑"过程。

"教堂的立柱是圆圆的柱子,上面有一个大一些的球",詹利马上拿起一个铜球放到一个空心圆

图3

柱体上,可是他失望了,因为铜球的大小恰好与圆柱体的口径相当,不仅未能放在"圆圆的柱子"上面,反而一下子落了下去。那圆柱体的轴截面是正方形的,且盛满了水,这颗落下去的铜球将一大部分水挤了出来。更奇妙的是,这时圆柱内的水面恰好与铜球相切。

小詹利还在继续玩耍,阿基米德却陷入了沉思:这圆柱与球的体积之比是多少呢?

阿基米德运用他独创的"穷竭法"进行了准确的计算后终于发现:如果在圆柱内有一个直径与圆柱体等高的内切球,则圆柱的表面积和体积分别等于球的表面积和体积的 $\dfrac{3}{2}$。

这个结论太奇妙了,所以它成为阿基米德无数发现中的最爱。他让后人在他的墓碑上刻下这个图形,正是告诉人们:大自然是多么奇妙,反映大自然的几何图形中隐藏着多少秘密!一切必然的研究成果都来自偶然的发现。只要留心观察周围的世界,谁都有可能开启尚未开启的科学秘密之门。

在阿基米德去世100多年后,他的墓葬之处已是残破不堪,踪迹难寻。这时,西西里岛的另一个伟大的哲学家西塞罗(前106—前43)游历叙拉古时,特地在荒草丛中寻到了半块刻有阿基米德遗嘱图形的墓碑,并以此确定那正是阿基米德的坟墓。他怀着对阿基米德的崇拜心情,重新修复了那座墓。

遗憾的是历史的长河未能保住阿基米德墓,但是他的名字已是家喻户晓,人们将永远记住他的丰功伟绩。

05 话说"韩信点兵"

◇ ⋯⋯⋯⋯

1. 张良闹市遇韩信

在秦末大动乱中,雄心勃勃的刘邦已经拥兵不少,还有张良、萧何两个重要的谋臣。可令他特别犯愁的是"千军易得,一将难求"。为此,他委托张良云游四方,去寻求能够统率千军万马的大将。

这一天,一副算命先生打扮的张良来到淮阴县城,却见一个身材魁梧、气度不凡的男子正向围观的人群拱手:"在下韩信,如今为生计所迫,在此向各位献武。请各位有钱的帮个钱财,无钱的帮个人气。"说罢先舞大刀,那刀光所至,顿时不见人影;再舞长枪,那枪上下翻飞,却似出水蛟龙。人群中不时爆出喝彩声。

张良看得呆了,正待上前搭话,却见一个屠夫拿着一把杀猪刀走进圈中奚落他:"你不是东村的瘪三吗?武艺不错啊!不过你要真有胆量,就拿这把刀把我杀了;要是没那么大胆,就从我胯过去!"

韩信看了那人一眼,竟二话不说,真的从那人胯下钻过去了。

适才还不断喝彩的众人,此时竟大笑之后一哄而散。

俗话说:内行看门道,外行看热闹。就在那韩信钻过屠夫胯下的刹那间,张良却暗自喝彩:好矫健的身材,真乃好功夫!又暗忖:这韩信能屈能伸,说不定能成大器。但不知他文采如何?于是将随身携

带的包袱就地铺开,随口吆喝道:

> 三人同行七十稀,五树梅花廿一枝。
>
> 七子团圆正半月,除百零五便得知。

众人又都围拢过来,看那展开的包袱上方写着:文王神课。还有左右两行字分别是:

> 能知过去未来   为君指点迷津

众人好奇地问:"先生,你唱这首歌是什么意思?"

张良道:"今天初来宝地,先设一个彩头以求吉利。各位看我这里有三张纸条,前两张纸条隐藏着 1 两纹银,第 3 张纸条隐藏着 10 两黄金。谁要能答对这些纸条中的问题,在下即将这些银两、黄金奉送。"

众人议论道:"有这等好事? 那些问题一定很难吧?"

张良道:"各位一看便知。"随手打开第一张纸条,却是:"今有物不知其数,但三三数之余一,五五数之也余一,问原数几何?"

有人眼疾口快,立即喊道:"这个数是16!"

众人一想确实不错。张良随即问:"答得不错,但不知先生是怎么算的?"

那人道:"这还不简单,$3 \times 5 + 1 = 16$ 呗!"

张良问:"为什么不是 $31,46,61,76,91,106,\cdots$"众人再想,这些答案都不错。

那人赶紧补充:"先生的题目,16 是最小的答案。以后每增加 $3 \times 5 = 15$,都是这道题的答案。"

张良道:"虽然这位先生开始的答案不完整,但是他很有答题的勇气,所以在下还是打算兑现适才的诺言。"于是付给答题人一两纹银。

众人轰动了:"没想到这银子这么好赚!"

张良见周围的人更多了,便展开第二张纸条:"今有物不知其数,但三三数之余一,五五数之也余一,七七数之还余一,问原数几何?"

"这个数是106!"有了刚才的经验,这回竟同时有 5 人报出答案,不过只有一人接着说:"106 是最小答案,以后每增加 $3 \times 5 \times 7 = 105$,都是这道题的答案。"

张良毫不犹豫地付给那个答题最完整的人一两纹银。

张良周围已是人山人海。人们议论道:"下一道题的筹码是 10 两黄金呐!"

张良不失时机地打开第三张纸条:"今有物不知其数,但三三数之余二,五五数之余三,七七数之余二,问原数几何?"

果然,这道题比之刚才的两道难多了,一时间无人敢于作答,周围却是鸦雀无声。

"先生这道题,最小的答案可是 23? 以下 128,233,338,…都是它的答案。"

众人回头一看,如此作答的正是刚才从屠夫胯下钻过去的韩信,不禁对他另眼相看。

张良却有些纳闷。便问"这个答案先生是怎么得到的?"

韩信轻松地答道:"这很简单。先生这些数分别比 3 与 7 的倍数多 2,$3 \times 7 + 2 = 23$,而 23 正是 5 的 4 倍加 3,所以我断定 23 就是最小的答案。以后每增加 $3 \times 5 \times 7 = 105$,都是这道题的答案。"

张良一阵惊喜:这小子的算法竟比我还高明呢! 嘴上却说"壮士果然才华不凡",一边将 10 两黄金付与韩信,一边收起地上的包袱:"在下有话要说,请壮士随我来。"

韩信一阵耳热,从小到大他总是受人奚落,如今这先生竟这样尊重他,真感受宠若惊,于是撇下围观的人群,径自随他而去。众人也就一哄而散。只有那个屠夫在原地怔怔发呆:"韩信这小子的造化来了。"

2. 萧何月下追韩信

却说韩信随张良走入就近一家茶馆,找到一处僻静的座位,并招呼店小二送来两杯香茶。张良随口吟道:

> 言是青山不是青　二人土上说原因
> 三人骑牛少只角　草木之中有一人

韩信道:"客随主便,请先生先用吧。"

张良又吃惊:这韩信不仅一身武艺,还颇有文采。却假作不知地问:"壮士此话何意?"

韩信道:"'言是青山不是青',是'言'旁加一个'青'字,当然不再读'青',而读'请';'二人土上说原因',是在'土'字左、右上方各写一个'人'字,即成为'坐';三人骑在没有角的牛上,其寓意为'奉';在上面草头与下面'木'之间再写一个'人',却是个'茶'字,所以这4句诗的含义是'请坐奉茶'。先生比在下年长,我岂敢率先坐下?"

"壮士的文采,在下着实佩服。可是,壮士文韬武略,却如何落得这般田地?"

韩信感慨万分,叹口气道:"家道衰落,母亲又新近去世,在下不仅无钱安葬,连生计都感困难呢!"

张良再问:"在下刚才纸条上写的是'孙子问题'。请问壮士怎么对'孙子问题'也有研究?"

韩信道:"如今身逢乱世,有心研究兵书以施展平生抱负。打仗之时,带兵的人只有'知己知彼',才能'百战不殆'。'孙子问题'是一种既能有效进行队列训练,又能精确统计己方兵力的方法,为将者是不可不知的。可是,不知道有没有这样的机会呢?"

张良大喜,当即修书一封付与韩信:"壮士的机会到了。如今沛公刘邦雄才大略,正打算与项王一决雌雄,请将军持信前往投靠,必定受到重用,一定能大展宏图。"

韩信谢过张良,却又问道:"在下愚钝,敢请先生赐教:先生适才所唱四句歌词中的含义是什么?"

张良道:"'三人同行七十稀',说的是70能够被5与7整除,但是被3除余1;'五树梅花廿一支',是说21是3与7的倍数,但被5除余1;'七子团圆正半月',是指15能够被3与5除尽,但被7除余1。这3句隐藏着孙子问题的正规解法是:

将70二倍得140,这时它还是5与7的倍数,但符合被3除余2;

将21三倍得63,这时它还是3与7的倍数,但符合被5除余3;

将15二倍得30,这时它还是3与5的倍数,但符合被7除余2。

接着将所得3数相加,有140 + 63 + 30 = 233。这个数同时满足被3与7除余2,被5除余3。

'除百零五便得知'是说3 × 5 × 7 = 105,将233加上或减去105

的倍数,所得 23,128,338,…都是符合孙子问题的答案。不过,壮士的解法其实更为简单明了,也让我受益不浅呢。"

接下来,两人又研究了几种实用的"点兵计数"方法。最后韩信拜别张良,历尽千辛万苦找到了已经入蜀的汉王刘邦。尽管有丞相萧何的多次推荐,但刘邦并不买账,仅安排他担任一个管理粮仓的小官。

韩信失望了,于是与其他一些不得志的壮士,趁着月夜逃走。

萧何得信大惊,顾不得吃饭休息,立即骑马疾追。在终于追上韩信后,他已经累瘫了。后人感慨萧何不顾劳累,惜才、爱才、追才的佳话,精编出如下的千古绝唱:

是三生有幸,天降下擎天柱保定乾坤。

全凭着韬和略将我点醒,我也曾连三本保荐与汉君。

他说你出身微贱不肯重用,

那时节怒恼将军,跨上了战马,身背宝剑,出了东门。

我萧何闻此言雷轰头顶,顾不得这山又高,这水又深,

山高水深,路途遥遥,我忍饥挨饿来寻将军。

望将军你还念我萧何的情分,望将军且息怒、暂吞声;

你莫发雷霆,随我萧何转回程,大丈夫要三思而行。

3. 汉王破格用韩信

却说韩信见萧何连夜气喘吁吁地赶来挽留自己,大为感动。不仅随萧何返回,还掏出张良的推荐信。萧何一见大喜:"将军如果早将这封信亮出,也不会有这么多麻烦。"

汉王对军师的推荐当然是言听计从。于是选定了良日吉时,设坛拜韩信为大将军。那韩信登上将台,正式点兵。

首先是一队骑兵走了过来,值日官报告:"这队骑兵共有 1070 人。"

于是韩信指挥队伍,先排成 3 列纵队,发现多 2 人;再排成 5 列纵队,发现多 3 人;后排成 7 列纵队,仍发现多 2 人。于是韩信毫不含糊地说:值日官统计错了,这队骑兵共有 1073 人。

汉王命人重新核实,韩信说的果然一点不差。

接着一队步兵走了过来,值日官报告:"这队步兵共 10000 人。"

韩信指挥队伍,先排成 7 列纵队,发现多 1 人;继排成 11 列纵队,发现仍多 1 人;最后排成 13 列纵队,还是多 1 人。于是韩信毫不含糊地宣称,这队步兵实际有 10011 人。

汉王命人重新核实,韩信说的果然又一点不差。值日官感到纳闷:这多出的 11 人是哪里来的? 后经查实,原来有 11 名逃兵,见汉王能够破格任用平民出身的韩信,又都主动归队,但值日官却没有发现。

那汉王寻思:这两次"点兵",都有参考人数可以借鉴,不一定能说明那韩信果有真才实学。我得想办法再考核他一次。

正好有值日官前来报告:有一支刚打了胜仗,从战场返回的队伍,原有 2 万人,一部分人阵亡或重伤,来不及进行精确统计,是否需要参加"点兵"?

汉王一听大喜:"当然要参加。"于是命韩信接着点兵。

韩信命他们组成横、纵均为 50 人的方队,这样的方队共 6 个,其他士兵再依次组成 30 人和 20 人的方队各一个,最后按 10 人编方队,却只有 6 队零 4 人。于是韩信统计,这支队伍共有 $6 \times 2500 + 900 + 400 + 604 = 16904$ 人。

韩信就这样小试牛刀,在不经意间纠正了值日官的两个错误,还精确地统计了一支人数不清的队伍。喜得汉王不住地称赞:"我终于得到了将才。"于是脱下自己的锦袍,亲自披在韩信身上。他向战士们宣布:"韩将军是军师张良亲自推荐的英才,从今以后,各位见到韩将军就如同见我一样,一定要听从韩将军的指挥!"于是拜将台下,战士们有节奏地举拳齐呼:"韩将军! 韩将军!"

拜将下来后,萧何暗自问韩信:"你点兵如此准确,到底是什么窍门?"

韩信道:"骑兵的记数方法,实际上就是孙子问题,它的最小答案是 23。值日官报告为 1070 人,他即使错了,也不致错到百人以上,我将 23 加上 105 的 10 倍,即得 1073。步兵的记数方法,是我与张良研出的新法之一。值日官报告为 10000 人,我按 7 人、11 人、13 人分别列队都多 1 人。因为 $7 \times 11 \times 13 = 1001$,我用 1001 的 10 倍加 1,即得 10011。最后那队士兵,如果用前面队形的变换方法不仅特别费事,还没有大致数据作为核算的参考,所以我按方队统计,一次就可成功。"

萧何又问:"如此看来,你最后的方法是'一次成功',效率是最高的,点兵时何不都用这种方法呢?"

"丞相有所不知,"韩信答道,"为将者不仅要做到对己方士兵'心中有数',更重要的是需要指挥灵敏。所以'点兵'不单是人数统计,更重要的是军事训练手段。当你的士兵能够按照你的要求快速变换队形时,你实际上就是有效地指挥了这支队伍,那么在战场上,他们就不会是一盘散沙。"

从此,汉王的大部分军队在韩信的训练与指挥之下,几乎是战无不胜,攻无不克。最后在垓下用十面埋伏之计彻底打败了项羽,奠定了大汉王朝的基业。

4. 悲剧人物数韩信

韩信的战功极大,其实力已经远超过汉王。所以在韩信功成名就之后,汉王最不放心的就是韩信。最突出的是,当楚将钟离眛来投奔韩信,并劝他共同谋反时,尽管他不为所动,最后还带着钟离眛的首级去向汉王表明心迹,但汉王还是当场逮捕了他,将他锁入囚车。虽然这次刘邦没有将其处斩,仅将他贬为淮阴侯,但此时韩信已经大有"飞鸟尽,良弓藏;狡兔死,走狗烹"之感。

他想过起兵谋反。他是有这种实力的。可是谋反只能使天下再来一场浩劫,他不想做这样的历史罪人。

"听天由命吧,"他想,"不该来的来不了,该来的躲不掉。"于是他静下心来,继续研究他的"点兵"之术。

不久,萧何来看他了。韩信指着用小石子摆好的两列图形,对萧何说:如此"点兵"的方法都能够一次成功,岂不是更好? 可惜,我还没有找到好的计算方法呢!

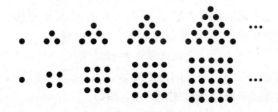

　　萧何心中像打翻了五味瓶,十分难受。他是奉吕后之命来骗韩信进宫的。但是,萧何与韩信的情分是何等的深! 当初就是他萧何将韩信追了回来,如今又让他亲自送韩信上断头台,历史就是这样捉弄人。

　　"将军……"萧何终于艰难地开了口。

　　"不用说了,我知道丞相的来意。"韩信头也不回,依旧摆弄那些小石子。

　　"吕后这个歹毒的女人,唯恐汉王去世后对付不了将军,欲置将军于死地。"萧何终于脱口而出。

　　"那么,丞相怎么还不动手?"韩信淡淡地问,目光依旧停留在那些小石子上。

　　"我不能杀你,要不后人会骂我太不讲情分,'成也萧何,败也萧何'。你逃走吧。"

　　"我逃走了,吕后必定杀你。可是,你是安邦定国的重臣,不能死啊。"

　　"顾不得那么多了,将军还是快走吧。"

　　"我不能走。我走了,再与汉王来一次楚汉相争吗? 那将又是一场腥风血雨。好不容易安定的天下不能再起战火了。天下离不开你,所以只有我死。"

　　萧何扑通一声向韩信跪了下来,语无伦次地大放悲声:"我……我对不住将军,我……我代表天下苍生向将军致敬!"

　　韩信将萧何扶了起来:"一切都不用说了,走吧!"于是他头也不回地向未央宫走去,却把萧何撇得老远。

尾声

　　又是一个风高月明的晚上,一身素装的萧何,来到他当初追上韩信之地。他不能忘记那个地方,所以几天前,他特地将他一生中最感愧疚的人埋葬在那里,坟前立着他亲自书写的墓碑:

大汉大将军韩信之墓

　　萧何的眼泪如同冲开闸门的水倾泻而出,墓前的黑土竟湿了一片。他哭得昏天黑地,随即烧了一副挽联:

拜将军,哭将军,拜哭难以慰将军

成萧何,败萧何,成败不能由萧何

不过,韩信生前提出的问题,萧何无法完成其遗愿。直到1000年以后,我国北宋时代的沈括才彻底解决了:

$(1) 1 + 3 + 6 + \cdots + \frac{1}{2}n(n+1) = \frac{1}{6}n(n+1)(n+2)$;

$(2) 1^2 + 2^2 + 3^2 + \cdots + n^2 = \frac{1}{6}n(n+1)(2n+1)$。

06　"分牛"故事中的"东施效颦"

◇ ·············

有一句格言："井干水可贵,学用方恨少。"说的是很多人在年轻精力旺盛之时,不想自己终有一天会老去,而是一味地贪图玩耍,不思多学一些知识,待遇到实际问题之时,或是一无所知,或是一知半解,终至束手无策,损失惨重,于是悔不当初。

这里说到的是一则活生生的实例。各位欲知究竟,且听在下娓娓道来。

1. 不求甚解留后患

在很久以前的一天,一个八九岁的孩子在河边玩耍,看到同村的阿大赶着一群鸭子沿河漂流。他好奇地问:"你一个人赶这么多鸭子,难道不怕它们走失吗?"

阿大笑道:"不会的,它们可听话啦。"随口又问:"你能数清楚我这里一共有多少只鸭吗?"

小孩认真地数了半天,才回答:"共有 36 只。"

阿大很喜欢同村这个小孩,他笑着说:"像你这样数岂不费事?你看这些鸭子是按三角形的形状编队的,共有 8 行,各行依次有 1,2,3,…,8 只。你只需要将第一行和最后一行的鸭子数相加,乘以行数8,再除以 2,即得 36。"

唯恐小孩不懂,阿大又随手在河边捡了一些小石子,在地上摆成如图 1 所示的形状,说:"这些黑色小石子代表我那些编好队的鸭子。现在我再用同样多的白色小石子倒过来排一次,这样各行都有 9 只鸭了。这堆石子共有 8×9＝72 颗,是原来鸭子数的 2 倍,所以我的鸭子实际只有 72 的一半,也就是 36,懂吗?"

小孩高兴地说:"懂了,阿大这种算法,的确比我数数快得多了。"

第二天,小孩又到河边去玩,他发现阿大又赶着鸭子过来了。

一见小孩,阿大高兴地问:"你看我今天赶了多少只鸭子啊?"

小孩一看,这些鸭子也排成 8 行,就不假思索地说:"和昨天的算法一样,将第一行和最后一行的鸭子数相加,乘以行数 8,再除以 2,得 40 只鸭。"

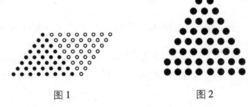

图1   图2

阿大纠正道:"不对,今天鸭子的排法与昨天不一样。如图 2,前 7 行有昨天的特点,按昨天的算法有 35 只鸭,但是最后一行只有 8 只。总共 35＋8＝43 只才对。条件变了,算法也要变,懂吗?"

小孩贪玩,不想再听了,就敷衍地说:"我又不需要放鸭子,学那么多干啥?"

阿大叹息道:"你学习不求甚解,以后会吃亏的啊。"

2. 遗言费解分牛难

这个小孩还有两个哥哥。时光流逝,三兄弟都已长大成人,他们的父亲也已经老了。老人在弥留之际,把三个儿子叫到床前。"听着,"老人说,"我就要见'真主'去了,辛苦了一辈子,没有其他珍贵遗产留给你们,只有 17 头牛,你们自己去分吧,老大憨厚,需要好生照顾两个弟弟,可以分总数的 $\frac{1}{2}$;老二也不错,你要支持大哥管理全家,就分总数的 $\frac{1}{3}$ 吧;老三聪明年少,人生之路才刚刚开始,就从总数

的 $\frac{1}{9}$ 开始打拼吧。"话音甫落,老人就咽气,到"真主"那里报到去了。

按印度教规,牛被视为神灵,不准宰杀,只能整头地分,而先人的遗嘱必须无条件遵从。

但是 17 不能被 2、3、9 整除,如何按老人的遗嘱整分呢?他们绞尽脑汁,却计无所从。

兄弟们请教了当地很多有学识的人。其中一个人告诉他们:"折合出 1 头牛的价钱,把牛整分后,多退少补,这样公平又精确。"

兄弟们都觉得在理,于是,他们对每头牛估价 2700 元。兄弟三人依次分得为 9、5、3 头牛,这样,老大多分了 $\frac{1}{2}$ 头、老二少分了 $\frac{2}{3}$ 头、老三多分了 $\frac{10}{9}$ 头。则老大和老三分别退给老二 1350 元和 3000 元,共 4350 元,而老二应补的差额为 1800 元,多出了 2550 元。

兄弟们又觉得这种分法还是有问题,到底怎样分才合理,他们还是一筹莫展。

3."借牛分牛"终圆满

老三想到了儿时赶鸭的朋友阿大,就千方百计找到了已经搬到南村的阿大。阿大得知了这个令三兄弟头痛的分牛问题,就主动牵来一头牛,热心地关照他们说:"我先借给你们 1 头牛,你们按原来的比例分,不是就没有问题了吗?"

老大犹豫道:"可是借了你的牛,分牛的问题虽然解决,我们又要为还牛的问题犯愁了。"

阿大笑道:"谁让你们再犯愁了?将 18 头牛按比例分,分完你们就明白了。"

奇迹出现了。三兄弟以 18 头牛为基数分,老大分 $\frac{1}{2}$ 得 9 头,老二分 $\frac{1}{3}$ 得 6 头,老三分 $\frac{1}{9}$ 得 2 头,共计分走 9+6+2=17 头牛,刚好还剩一头。阿大笑眯眯地说:"如今我们谁也不欠谁的,我可以走了啊。"

聪明的办法,绝妙的主意,困扰三兄弟许久的分牛问题就这样轻松地解决了。他们豁然大悟,原来"借牛"可以解决"分牛",借者并不吃亏啊!

4."东施效颦"惹麻烦

无独有偶,东村张家也出了"三人分牛"的问题,逝者遗嘱,要将17头牛的 $\frac{1}{2}$ 给老大, $\frac{1}{3}$ 给老二, $\frac{1}{6}$ 给老三。弟兄3人同样无计可施。已经有"丰富分牛经验"的这家老三,自作聪明地借了一头牛让他们凑整再分,也声明分后无需归还。

于是张家老大分 $\frac{1}{2}$ 得9头,老二分 $\frac{1}{3}$ 得6头,老三分 $\frac{1}{6}$ 得3头。共计 $9+6+3=18$ 头。这样分牛倒是成功了,可是热心借牛的老三'借'出的牛再也牵不回来了。

老三很苦闷。他本来只有两头牛,现在白白送人一头,吃亏不算,还不明白自己到底错在哪里。没办法,只好再次找到阿大询问:"我用你的办法帮人解决问题,怎么不灵了?"

阿大问明情况,叹息地说:"你还是像小时一样不求甚解。条件变了,解法不能照搬。这不,这次就吃大亏了吧?幸好你吃亏还不多。如果将那位逝者的遗嘱改为:将17头牛的 $\frac{1}{2}$ 给老大, $\frac{1}{3}$ 给老二, $\frac{1}{3}$ 给老三,你可就更惨了。"

老三一合计,这种情况下张家老大分 $\frac{1}{2}$ 得9头,老二和老三都分 $\frac{1}{3}$ 得6头,共得分掉 $9+6+6=21$ 头牛,不由咋舌道:"我的妈呀,真要那样分,我倒贴还不够呢。"

阿大安慰他:"你明白就好。只要改掉不求甚解的毛病,花钱买教训还是值得的。"

5.亡羊补牢犹未晚

自己白白损失了一头牛,"那是自己家产的一半啊",老三心疼得不得了。这回他确实后悔自己不求甚解所造成的后果，于是决定从头学起，诚心诚意地拜阿大为师。作为回报，他自愿在阿大家帮工1个月。

首先，他弄明白了为什么"借牛可以分牛"。

阿大告诉他："添上1头牛后，共有18头牛。由于 $\frac{1}{2}+\frac{1}{3}+\frac{1}{9}=\frac{9}{18}+\frac{6}{18}+\frac{2}{18}=\frac{17}{18}$，说明你们所占比例之和为 $\frac{17}{18}$，所以你们只会分走17头牛，我的一头牛只占 $\frac{1}{18}$，所以可以毫发无损地牵回；但是东村张家的分配方案不同，由于 $\frac{1}{2}+\frac{1}{3}+\frac{1}{6}=\frac{9}{18}+\frac{6}{18}+\frac{3}{18}=\frac{18}{18}=1$，所以他们会把18头牛全部牵走，你'借'出的牛白送了；假如按我设定的第三种分配方案，由于 $\frac{1}{2}+\frac{1}{3}+\frac{1}{3}=\frac{9}{18}+\frac{6}{18}+\frac{6}{18}=\frac{21}{18}$，已经超过1了，所以你必须再牵来3头牛才够分。"

老三恍然大悟："这回我真懂了，我们所占比例之和为 $\frac{17}{18}$，而借了1头牛之后，原来牛的总数也占现在牛的总数的 $\frac{17}{18}$。因此，才能分得如此完美。"

其次，他明白了"借牛分牛"的理论依据。

老三又问："如果无牛可借，我们也能够分吗？"

阿大说："可以分，但是很麻烦。你们共有17头牛，如按照比例分，你们3人分别分走 $\frac{17}{2},\frac{17}{3},\frac{17}{9}$ 头牛，也就是17头牛的 $\frac{17}{18}$，还有 $\frac{17}{18}$ 头牛没有分完。于是你们得继续按比例分配，第二次分走 $\frac{17}{18}$ 头牛的 $\frac{1}{2}$，$\frac{1}{3},\frac{1}{9}$，共是 $\frac{17}{18}\times\left(\frac{1}{2}+\frac{1}{3}+\frac{1}{9}\right)=\left(\frac{17}{18}\right)^2$，还剩 $\frac{17}{18}-\left(\frac{17}{18}\right)^2=\frac{17}{18^2}$ 头牛；以下还需要分第3，4，5，…次，依次剩余 $\frac{17}{18^3},\frac{17}{18^4},\frac{17}{18^5},…$ 头牛。可以认为分牛次数会有无穷多，最后就能达到你们的实际分牛数。"

老三:"我的头都大了,这无穷多个数如何求和呀?"

阿大:"利用设未知数解方程的方法,求这个和也不难:

设 $x = 17\left(\dfrac{17}{18} + \dfrac{17}{18^2} + \dfrac{17}{18^3} + \dfrac{17}{18^4} + \cdots\right)$,也就是

$$x = 17^2\left(\dfrac{1}{18} + \dfrac{1}{18^2} + \dfrac{1}{18^3} + \dfrac{1}{18^4} + \cdots\right) \qquad (*)$$

再设 $y = \dfrac{1}{18} + \dfrac{1}{18^2} + \dfrac{1}{18^3} + \dfrac{1}{18^4} + \cdots$ \qquad (1)

那么 $\dfrac{1}{18}y = \dfrac{1}{18^2} + \dfrac{1}{18^3} + \dfrac{1}{18^4} + \cdots$ \qquad (2)

现在由(1)-(2),得 $\left(1 - \dfrac{1}{18}\right)y = \dfrac{1}{18}$。

所以 $y = \dfrac{1}{17}$。

代入(*)式,故得 $x = 17^2 \times \dfrac{1}{17} = 17$。

所以你们不多不少,恰好将 17 头牛分完。"

老三道:"这么说,我大哥每次所分得的牛依次为 $\dfrac{17}{2}$,$\dfrac{1}{2} \times \dfrac{17}{18}$, $\dfrac{1}{2} \times \dfrac{17}{18^2}$,$\dfrac{1}{2} \times \dfrac{17}{18^3}$,$\cdots$,则老大所得的牛应该是 $x = \dfrac{17}{2} + \dfrac{1}{2} \times \dfrac{17}{18} + \dfrac{1}{2} \times \dfrac{17}{18^2} + \cdots$,也就是 $x = \dfrac{17}{2}\left(1 + \dfrac{1}{18} + \dfrac{1}{18^2} + \dfrac{1}{18^3} + \cdots\right)$。用相同的方法可以求得 $x = \dfrac{17}{2} \times \dfrac{1}{1 - \dfrac{1}{18}} = 9$(头)?"

阿大高兴地说:"你终于搞明白了,进步不小啊!"

第三,他找到了更简单的分牛方法。

老三:"明白倒是明白了,可是这种方法太烦锁,有没有既简单又让人信服的方法呢?"

阿大:"有的。按遗嘱的要求,你们所分的牛分别占总数的 $\dfrac{1}{2}$, $\dfrac{1}{3}$,$\dfrac{1}{9}$,也就是说你们所得的牛的比例应该为 $\dfrac{1}{2}:\dfrac{1}{3}:\dfrac{1}{9}$,即 9:6:2,恰

好有 $9 + 6 + 2 = 17$。可见,分给老大9头、老二6头、老三2头是完全合乎你们父亲的遗嘱要求的。"

老三睁大了眼睛:"这么简单的方法,你怎么不早说?"

阿大笑道:"我要是早说了,你越发不求甚解,今后还会吃亏。不过,一个月来你的进步的确不小。但是到底学得如何,还需要到实际生活中去检验呢。"

"是,谢谢老师教诲。"老三毕恭毕敬地行了一个礼,告别阿大回家去了。

6. 从头迈步亦等闲

事情总是这样凑巧。老三一回到家中,就有人专程找上门来。西村的老李头去世了,留下遗言,要将13头牛的遗产,让李大分总数的 $\frac{2}{5}$,李二分总数的 $\frac{1}{3}$,李三分总数的 $\frac{2}{15}$,不知该怎么分。

老三一听乐了,对大哥说:"仿照阿大的办法,你先借两头牛给他吧。"

憨厚的老大担心地问:"当初阿大可是只借一头啊。你现在一次借出两头,分完后牵得回来吗?"

老三拍着胸脯说:"没问题,一定牵得回来。"

于是老大紧跟着老三,牵着2头牛随着李家人一同到西村,只见李大分得 $15 \times \frac{2}{5} = 6$ 头,李二分得 $15 \times \frac{1}{3} = 5$ 头,李三分得 $15 \times \frac{2}{15} = 2$ 头,共计 $6 + 5 + 2 = 13$ 头,果然多出两头。老大这才笑眯眯地跟着老三,兄弟俩各牵一头牛回到了家中。老大夸奖他道:"你真行啊,这一个月没有白学。"

听说弟弟成功帮人分牛回来,老二也钦佩不已:"三弟现在是艺高人胆大,让二哥我刮目相看啊。"

老三意味深长地说:"嗨,要不是当初我不求甚解,自作聪明而白丢了一头牛,我也不会下决心找阿大学习啊。不过,学无止境,我现在至多学得一技之长,今后要学的知识还多得很哩。"

07 刘徽，让中国领先世界 1000 年

◇ ················

却说人类进化到 21 世纪之初，在古老的东方发生了两件特别引人瞩目的大事。

一是 2002 年世界数学家大会在北京召开，其中特别让人寻味的是大会的会标选用了中国三国时期赵爽所绘的弦图。

为配合这次盛会，同年我国邮电部发行了两枚与中国古代数学家有关的邮票。一枚反映的正是这张弦图，另一枚的主题是我国魏晋时期的数学家刘徽。

赵爽弦图

数学家刘徽纪念邮票

二是 2004 年 10 月，一本多达 1150 页，印刷精美的中法对照本《九章算术》在法国隆重出版。继而在 2005 年 7 月 30 日，中国科学院和法国驻华大使馆科技处又在北京正式发布了出版这本具有深远意义世界著作的消息。

在中法对照本的《九章算术》中，全面介绍了《九章算术》及刘徽注的内容、数学成就，因此，虽然这是《九章算术》继德、日、俄、英（这四个版本只译了原文，未译注文）之后的第五个外语版本，而且售价高达 150 美元，但是初版的 850 本仍然在不到 3 个月的时间内售罄。不久，这本书还获得法兰西学士院所属的金石略文及文献学院平山郁夫奖。

法国伦理与政治科学院院长 Emmanuel Poulle 教授说，以往历史学家认为，十进制、分数等数学思想起源于印度。但《九章算术》表明了，很可能许多思想是来自中国，中国的数学成就也许曾通过丝绸之路影响了阿拉伯地区乃至欧洲的数学。

伴随着 2002 年世界数学家大会的圆满结束和中法对照本《九章算术》的出版，几乎沉睡了 1700 年的中国古代数学家刘徽，从此高调地走向世界，特别是西方数学界更深入，更全面地认识了刘徽。

自那以后，世界各地对刘徽的赞美之声纷至沓来：有的说，刘徽是中国的牛顿；有的说，刘徽是中国的欧几里得。

可是对这些美好的赞誉，许多中国人并不买账。他们说：刘徽就是中国的刘徽，也是独一无二的刘徽。哪怕是牛顿和欧几里得，也未必能与刘徽相提并论。

那么，真实的刘徽到底是个什么样子呢？

如果说，在刘徽以前，中国在数学理论方面的研究还远落后于西方的话，那么，以刘徽为代表的中国数学家，经过自己独立的艰苦卓绝的努力，不仅反超西方，而且从此领先西方达 1000 年之久。

刘徽真有这么伟大？列位如不信，容在下带你从几个方面走近刘徽，并认识一个真实的刘徽。

1. 刘徽是中国的牛顿？

西方人总是习惯于用他们的标准来评价一切人和事物。

一种说法是:刘徽是中国的牛顿。

这种说法有一定的道理。我们知道,牛顿在数学上的最大贡献是创立了微积分,而微积分的基础是极限理论。在刘徽的著作中,已经充分体现了极限的思想。例如刘徽在讲他所创立的"割圆术"中说:"割之弥细,所失弥少,割之又割,以至于不可割,则与圆周合体而无所失矣。"

这句话是什么意思呢? 他说,为求圆的周长及面积。可以用如下的办法去"割圆":

第一次,先作圆的一个内接正多边形(例如正六边形)如图 1,显然,这个正六边形的周长小于圆的周长,正六边形的面积也小于圆的面积。

第二次,取图中各段弧的中点,并依次连接所有 12 个分点,得一个圆内接正十二边形。显然,这个正十二边形的周长小于圆的周长而大于原正六边形的周长,且正十二边形的面积小于圆的面

图1

积而大于原正六边形的面积;以下,每次都取前次"割圆"中所有弧的中点,并依次连接所有分点与上一个正多边形的顶点,依次得到圆内接正二十四边形,四十八边形,九十六边形……显然,每一个这样的多边形的周长都小于圆的周长而大于前一个多边形的周长,每一个这样的多边形的面积都小于圆的面积而大于前一个多边形的面积。

所以,"割之弥细,所失弥少"的含义是"割圆"越来越细时,所得正多边形的周长或面积,与圆的周长或面积的差距越来越小;"割之又割,以至于不可割"的含义是将以上工作无限进行下去,到最后不可能分割时,所得"正多边形(边数无穷多)"与圆就没有区别了。

由于每一个正多边形的边长都可以根据上一个正多边形的边长利用勾股定理计算,所以利用这种"割圆"的办法就可以求得半径为 R 的圆的周长为 $2\pi R$,面积为 πR^2。

不要小看了刘徽割圆术的深远意义。

其一,刘徽是世界上第一个把极限思想运用于数学证明的人。在这方面的成就,要比牛顿、莱布尼茨早 1400 年。而且他叙述极限思想的方式,比之牛顿、莱布尼茨关于极限的定义直观得多,也简单

得多,是稍有数学知识的人都听得懂,看得明白的。

其二,刘徽的"割圆术"符合现代数学的发展潮流。他的每次"割圆",既有连续性,又有递推性。只要求出了这种递推关系,就可以编定适当的程序,利用现代计算机无限制地"割"下去。因此,现在人们可以轻而易举地将圆周率(圆的周长与其直径的比值)精确到小数点后任意多位。其中的前 100 位是:

π = 3. 14159 26535 89793 23846 26433 83279 50288 41971 69399 37510 58209 74944 59230 78164 06286 20899 86280 34825 34211 70679。

这种优越性,是牛顿、莱布尼茨的微积分所望尘莫及的。

刘徽的代表作《九章算术注》所蕴含的算法及程序化思想,给当代数学家以巨大启迪。数学院士吴文俊近年在机械化证明方面领先世界,他自言:"主要受中国古代数学的启发。"他指出:"《九章算术注》所蕴含的思想影响,必将日益显著,在下一世纪中凌驾于《几何原本》思想体系之上,不仅不无可能,甚至说是殆成定局。"

所以,将刘徽与牛顿比较是不公平的,须知牛顿的研究条件比之刘徽要先进得多。假定将这两个人的历史及环境条件加以交换,则牛顿未必能够成为刘徽,而刘徽则未必不能超过牛顿。

2. 注《九章》风靡千古

还有一种说法是:刘徽是中国的欧几里得。

这种说法也有其合理的地方。这是因为刘徽所做的工作极其艰难程度,绝不输于欧几里得。

我们知道,欧几里得的主要工作是整理了他以前几百年古希腊人在几何方面的成就,最终加工成为《几何原本》。《几何原本》的成功在于它建立了严密的公理和科学的论证体系,而这一点,正是我国自先秦以来直到刘徽之前的数学成果中所不具备的。

《九章算术》约成书于东汉之初,共有 246 个问题。刘徽的《九章算术注》以演绎逻辑为主要方法全面证明了《九章算术》的公式解法,不仅弥补了原书只有问题和答案,缺乏解题过程,更缺少理论推证的缺陷,还纠正了其中的一些错误,奠定了中国传统数学的理论基础。

《九章算术》的基本内容是：

第一章《方田》，叙述田亩面积的计算方法；

第二章《粟米》，叙述谷物、粮食等如何按比例换算；

第三章《衰分》，叙述如何用比例分配的方法解决问题；

第四章《少广》，叙述如何根据已知面积或体积求物体的边长，或球体的直径，实际上是进行图形与数字之间的转换；

第五章《商功》，主要解决建筑工程中的计算问题；

第六章《均输》，这是为朝廷服务的，叙述怎样处理粮食运输及合理摊派赋税；

第七章《盈不足》，叙述如何设定两个未知数，去列解一类应用题；

第八章《方程》，叙述一元一次方程和多元一次方程组的解法；

第九章《勾股》，利用勾股定理来解决当时遇到的一些生产等问题。

刘徽《九章算术注》中增加了自撰自注的一章《重差》作为第十章，主要是利用相似形来解决一些计算问题。此章在唐初开始发单行本，更名为《海岛算经》。

如果将如上内容与欧几里得的《几何原本》比较，可以看出它不仅基本涵盖了《几何原本》中的内容，而且多出了不少有关代数的部分。

同时我们应该看到刘徽不仅纠正了《九章算术》中的一些错误，给出问题的解答，还创造性地运用了许多新的数学性质、结论：

在《九章算术》之《均输》章中有如下问题：设客人的马每天能跑 300 里，他走时忘记带走衣服。$\frac{1}{3}$ 天后，主人才发现，骑马追上客人交还衣服，回到家时一天已经过去了 $\frac{3}{4}$，那么主人的马一天可以跑多少里路？

《九章算术》的解法是：

主人的马每天能跑的路程为

$$300 \times \left[\frac{1}{2} \left(\frac{3}{4} - \frac{1}{3} \right) + \frac{1}{3} \right] \div \left[\frac{1}{2} \left(\frac{3}{4} - \frac{1}{3} \right) \right] = 780(\text{里})。$$

这个算式是怎么来的？原书没有交代，后人也难得看懂。

刘徽对此作注，他的解法就好懂得多：

既是主人追到客人再返回用了 $\frac{3}{4}$ 天，而主人出发之前客人已经走了 $\frac{1}{3}$ 天，所以主人追上客人实际用了 $\frac{1}{2} \times \left(\frac{3}{4} - \frac{1}{3} \right) = \frac{5}{24}$ 天。而此时客人则走了 $\frac{5}{24} + \frac{1}{3} = \frac{13}{24}$ 天。

因此，走相同的路程主人与客人所用的时间比为 $\frac{5}{24} : \frac{13}{24} = 5:13$，从而主人的马与客人的马的速度之比为 13:5。于是，主人的马每天能跑的路程为 $300 \times \frac{13}{5} = 780$ 里。（注：1 里 = 500 米）

在这里，刘徽熟练地运用了行程问题中，距离与时间成正比，而速度与时间成反比。

刘徽的解法还用到了我们熟知的结论：如果 $a:b = c:x$，那么 $x = \frac{bc}{a}$。他把一切比例分配问题的解法，都理解为"今有术"的应用。但这个方法，直到 7 世纪印度人婆罗莫及才知道，欧洲人把这个方法叫做"三数法则"，又叫"黄金法则"，13 世纪才由意大利的斐波那契首次加以介绍；而把比例与三数法则联系起来，形成解决比例问题的简捷方法，那是 15 世纪以后的事，比刘徽晚了 1200 多年。

在《海岛算经》中刘徽首次应用了二次或多次的测量法来确定一"可望而不可即"的物体的高度或距离，如第 1 题的内容是：

"今有望海岛，立两表齐，高三丈，前后相去千步，令后表与前表相直。从前表却行一百二十三步，人目着地取望岛峰，与表末参合。从后表却行百二十七步，人目着地取望岛峰，亦与表末参合。问岛高及去表各几何？"

这段话译成现代语言就是：如图 2，今有可望而不可即的海岛 AB，为了测量其高度 h 及与我们所在地的距离，可以立两根等长的竹竿 CD, EF，使其相距 1000 步。然后从 CD（前表）处退却到 G，使得 A，

C, G 成一直线，再从 EF(后表)处退却到 H，使得 A, E, H 也成一直线。
如果测得 $GD = 123$ 步，$HF = 127$ 步，求海岛 AB 的高度 h(丈)及海岛
与我们所在地 CD 处的距离 x(步)。

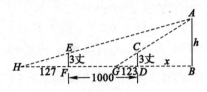

图 2

这道题的基本解法是：如图 2，

由 $\triangle\, GCD \backsim \triangle\, GAB$，得 $\dfrac{CD}{h} = \dfrac{123}{123 + x}$，   (1)

由 $\triangle\, HEF \backsim \triangle\, HAB$，得 $\dfrac{EF}{h} = \dfrac{127}{1127 + x}$。   (2)

因为 $CD = EF$，

所以 $\dfrac{123}{123 + x} = \dfrac{127}{1127 + x}$。

利用等比性质得 $\dfrac{123}{123 + x} = \dfrac{4}{1004} = \dfrac{1}{251}$，又注意到"表高"为 3 丈，

所以由(1)得 $\dfrac{3}{h} = \dfrac{123}{123 + x} = \dfrac{1}{251}$，于是海岛 AB 的高度为 753 丈。

《海岛算经》在唐代传入朝鲜、日本，19 世纪开始传入西方各国。
《海岛算经》运用二次或多次的测望法，是测量学历史上领先的创造，
在西欧直到十六七世纪才出现二次测量术的记载，到 18 世纪才有了
三四次测量之术。国内外学者对《海岛算经》的成就，给予很高的
评价。

这就是说，刘徽比之欧几里得不仅毫不逊色，而且在一些方面超
过了他。

3. 历尽艰辛定"徽率"

上面说到，根据刘徽的割圆思想编定恰当的程序，就可以利用现
代计算机将圆周率精确到任意多位。

然而在 1700 多年前的刘徽时代,人类的计算工具和计算能力都是十分有限的。但是刘徽仍然通过他独特的"割圆术"创造了领先世界至少 1000 年的"徽率",也就是 $\pi \approx 3.1416$。

这个"徽率"是怎样求出来的呢?

首先注意到,当圆的半径为 R 时,由圆周率的定义知:圆的周长 $l = 2\pi R$;如果圆内接正多边形的周长为 p,边心距为 r,则其面积 $S_{正多边形} = \frac{1}{2}pr$。当圆内接正多边形的边数无限增多时,正多边形的周长就是圆的周长,正多边形的边心距就是圆的半径。

所以,圆面积 $S_圆 = \frac{1}{2} \cdot 2\pi R \cdot R = \pi R^2$。

在第一次割圆中,他把圆内接正六边形的面积近似看成圆的面积。当圆半径为 1 时,这个圆内接正六边形的周长为 6,如果以这个周长代替圆的周长,则圆面积 $S_圆 \approx \frac{1}{2} \times 6 \times 1 = 3$,故得 $\pi \approx 3$。显然这个值是非常粗糙的,古代"径一周三"的说法,正源于此。

在第二次割圆中,圆内接正十二边形的周长如何计算呢?

如图 3,当圆半径为 1 时,其内接正六边形的边长 $AB = 1$。取弧 AB 的中点 C。连接 AC,则 AC 为圆内接正十二边形一边之长。

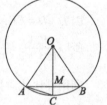

图 3

连接 OC 交 AB 于点 M。在直角三角形 ACM 中,

易求 $AM = \frac{1}{2}$,$CM = 1 - \frac{\sqrt{3}}{2}$,

由勾股定理可得 $AC = \sqrt{2 - \sqrt{3}} = \frac{\sqrt{6} - \sqrt{2}}{2}$。

于是圆内接正十二边形的周长为 $l = 12 \times \frac{\sqrt{6} - \sqrt{2}}{2} = 6(\sqrt{6} - \sqrt{2})$。

如果将这个周长近似看成圆的周长,由于圆半径 $R = 1$,所以圆面积 $S_圆 \approx \frac{1}{2} \times 6(\sqrt{6} - \sqrt{2}) \times 1 = 3(\sqrt{6} - \sqrt{2})$。

所以 $\pi \approx 3(\sqrt{6} - \sqrt{2}) \approx 3.1058$。

如果要想得到 π 的更精确些的近似值，则必须继续不断地"割圆"。

刘徽用这种方法求正多边形的面积，当算得圆内接正一百九十二边形的面积时，得到 $\pi = \dfrac{157}{50} = 3.14$，又算到三千零七十二边形的面积时，得到 $\pi = \dfrac{3927}{1250} = 3.1416$，这就是"徽率"的由来。

各位读者，以上我们仅进行了两次"割圆"，已经感受到计算之不易。那么一直要计算到圆内接正三千零七十二边形的周长，其工作量该是何等的艰辛和巨大？

然而工作的艰辛还远不止于此。刘徽那个时代，使用的都是算筹，用算筹计数要比用阿拉伯数字计数要复杂得多。那么，使用算筹是如何计数的呢？

如下图，表示数字 1—9 有横排和竖排两种计数方式。如果要表示 0，则用空挡。

纵式　Ⅰ　Ⅱ　Ⅲ　Ⅳ　Ⅴ　Ⅵ　Ⅶ　Ⅷ　Ⅸ

横式　_　=　≡　≣　≣　⊥　⊥　⊥　≣

　　　　1　2　3　4　5　6　7　8　9

如果要表示 10 以上的数字，则规定个位用纵式，十位用横式，百位再用纵式，千位再用横式，万位再用纵式……这样从右到左，纵横相间，以此类推，就可以用算筹表示出任意大的自然数。例如数字 6728 和 6708 的记法如右图表示。

⊥Ⅶ=Ⅷ　6728

⊥Ⅶ　Ⅷ　6708

记数已经不易，还需用这种方式去进行多次加、减、乘、除及乘方、开方运算，还不能有丝毫的差错。完成这么巨大的工作需要何等的毅力？

所以我们不能不叹服刘徽的伟大。他是千古奇才，是我们中国人的骄傲。

结语：中国人永远的痛

各位读者，相信你读了本文后，都会为刘徽艰苦卓绝的科研精神所感动,更会为他的伟大成功而骄傲。

可是你知道吗,在我国几千年的文明史中,鲜有研究自然科学的人受到历代朝廷的重视。相反,他们多数出生清贫,环境艰苦,乃至于不受到迫害就是万幸。

刘徽的成就是如此伟大和令人瞩目,可是社会对他的回报是什么呢?他在世时生活清贫,没有得到当时朝廷的任何资助,连一个毫无经济价值的虚衔都没有。直到刘徽去世1000年之后,才由宋徽宗给了他一个"淄乡男"的虚衔。这个"淄乡男"是个多大的官呢?"淄乡"就是刘徽出生的那个乡,而古代的荣誉称号分为公、侯、伯、子、男五等。这就是说,即使是刘徽1000年后这个虚的称号也是最低等的。

相形比较之下,英国的牛顿在他"功成"之时,也就是他"名就"之日。他享受着英国皇家学会的丰厚补贴,就是他死了,也被埋葬在英国只有最高贵的人才配埋葬的地方。那么,如今刘徽的墓在哪里呢?

古希腊人都明白,知识就是力量。所以弱小的叙拉古人有了阿基米德,可以与强大的罗马军队抗衡达3年之久。20世纪中期,美国人更明白,一个钱学森的力量相当于5个现代化的军团。

中国人在唐高宗时代(约公元682年)就发明了火药。但是在此1000多年以后,西方列强正是利用中国人发明的火药制成枪炮来打中国人,使我国蒙受了100多年的灾难。以刘徽为代表的华夏先人们创造的领先世界1000年的数学奇迹,却由于历代朝廷的漠视而被岁月无情的销蚀。直到刘徽以后的1500年,国人才重新认识到:愚昧必定受欺,落后就要挨打。只有科学上去了,国家才能真正地走向富强。

终于,"这睡狮渐已醒"。黄皮肤、黑眼睛的中国人从来不比外国人弱。几千年来,我们欠缺的正是社会对人才、特别是科技人才的尊重、理解与支持。如今,沉睡了1700年的"刘徽"又重新走向世界,象征着科学的春天已经到来。让我们珍惜这千载难逢的科学春天,不负昨天,把握今天,创造更加美好的明天。

08 张丘建妙解"百钱百鸡"

◇ ⋯⋯⋯⋯⋯

你一定知道世界上有一个被称为"数学王子"的名人,他就是200多年前的德国数学家高斯。可是你是否知道,远在高斯1200多年前,也有一个与高斯十分类似的名人,他就是我国南北朝时期的张丘建。他有太多的传奇故事,还是让我们从头说起吧。

1. 巧算"仙女织锦"

小丘建才12岁时,爷爷给他讲了一则故事:董永卖身葬父,感动了天上的七仙女,于是自愿嫁他为妻,用织布的方式帮他还债。她第一天织了8匹(1匹=4丈,1丈=10尺)锦缎,以后越织越快,每一天都比前一天多织了相同数量的锦缎,这样在30天内,共织得锦缎300匹。最后,他们用卖锦缎所得的钱,不仅赎回了董永的自由身,还略有节余。

爷爷的讲述,激起小丘建极大的兴趣。他情不自禁地问道:"爷爷,织女每天都比前一天多织了相同数量的锦缎,这个'相同数量的锦缎'到底是多少呢?"

爷爷神秘兮兮地说:"这我可不知道了,小丘建这么能干,这个问题就留待你自己解决吧。"

接下来的几天,张丘建一直琢磨这个问题,终于他想到了一种

"倒写相加法",用现在的语言表示就是:

设织女每天加织了 d 匹锦缎,则在 30 天内,每天依次织出锦缎 $8,8+d,8+2d,\cdots,(8+29d)$ 匹。

依题意,有

$$8+(8+d)+(8+2d)+\cdots+(8+28d)+(8+29d)=300, \quad (1)$$

将(1)式的左边倒过来写,则得

$$(8+29d)+(8+28d)+(8+27d)+\cdots+(8+d)+8=300。 \quad (2)$$

现在,将(1)式加上(2)式,即得

$$\underbrace{(16+29d)+(16+29d)+(16+29d)+\cdots+(16+29d)+(16+29d)}_{30个数相加}$$
$$=600,$$

于是有 $(16+29d)\times30=600$,解得 $d=\dfrac{4}{29}$。

终于解决了问题,小丘建的高兴之情溢于言表,他故意问爷爷:"我这样算对吗?"

爷爷着实地夸奖了他一番:"这比我的逐项相加法巧妙多了,你真是一个聪明好学的好孩子。"

我们看到,小丘建这种方法与幼年高斯计算前 100 个正整数的和是何等的相似。

2. 智求宾客人数

爷爷的表扬使小丘建欣喜若狂,从此,他的"数学劲"一发不可收拾。

有一天他家请客,来了许多客人。妈妈让小丘建负责给客人分发盘子,并且统计宾客的人数。

他的"数学劲"又来了,故意不直接去数,而是只顾低头发盘子。不一会儿他大声告诉妈妈:"今天共来了 30 位客人。"

有几位客人十分惊奇,问:"你不用数,怎么就知道今天的宾客人数?"

小丘建得意地回答:"叔叔,我刚才分盘子时发现:若 2 人共用 1 个盘子,则少 2 个;若 3 人共用 1 个盘子,则多 3 个。所以我知道今天的来客为 30 人。"

那几个宾客听得莫名其妙。另一个颇懂数学的客人饶有兴趣地追问:"能把你的算法讲具体一些吗?"

小丘建答:设一共有 x 个盘子,y 个客人。

按第一种分盘方法,得 $y = (x + 2) \times 2$;

按第二种分盘方法,得 $y = (x - 3) \times 3$;

由 $(x + 2) \times 2 = (x - 3) \times 3$,解得 $x = 13$,从而 $y = 30$。也就是有 13 个盘子,30 个客人。

那位客人赞赏道:"你们看,我们这么多大人都难以弄清楚的问题,他一下子就算出来了,真是神童啊!"

3. 妙解"百钱百鸡"

"张丘建是神童"的消息不胫而走,他的名气也越来越大,竟传到了当朝宰相那里。

对数学也非常感兴趣的宰相,不信一个小孩会如此厉害。为试探真假,他把张丘建的父亲叫来,给了他 100 文钱,让他第二天带 100 只鸡来,并要求既要有公鸡,也要有母鸡和小鸡。

按当时的市场价,买 1 只公鸡 5 文钱,买 1 只母鸡 3 文钱,买 3 只小鸡合起来 1 文钱。张丘建的父亲解决不了这个"百钱买百鸡"的问题,无法向宰相交差,愁眉苦脸,唉声叹气。

细心的小丘建发现了父亲的困境,问明了情况后,只略想了一下,就告诉父亲:"明天,您只要送 4 只公鸡、18 只母鸡和 78 只小鸡到宰相府去就可以了。"

第二天,宰相见到送来的鸡,验算了一下:$4 \times 5 + 18 \times 3 + 78 \div 3 = 100$(文),$4 + 18 + 78 = 100$(只)。所买的鸡完全符合他"百钱买百鸡"的条件,不由大为惊奇。他想了一下,决定再考一下张丘建,便又交给张父 100 文钱,让明天再送 100 只鸡来,但要求送更多的公鸡。

父亲回到家,直接把宰相的要求告诉了小丘建。小丘建又想了一会儿,就让父亲送 8 只公鸡、11 只母鸡和 81 只小鸡去。然后给父亲讲,如果宰相还需要更多的公鸡,只需如此这般就行。

第二天,宰相见到了 100 只鸡,觉得张丘建这个神童称号果然名不虚传,他在内心赞叹了一番。但他又给了张丘建父亲 100 文钱,让他再买一百只鸡来,并且公鸡的只数不能与前两次相同。

说实话,这个宰相真会折腾人。但他没想到,一会儿张丘建的父亲便送来了 100 只鸡:公鸡 12 只,母鸡 4 只,小鸡 84 只,也满足百钱买百鸡。张丘建的父亲这么快就把满足条件的鸡给送来,宰相心中充满疑问,于是问道:"张老伯,这一次是你自己算出来的吗?"张父回答道:"哪里,还是犬子算出来的,他事先交代说:如果少买 7 只母鸡,那就可以多买 4 只公鸡和 3 只小鸡。"

宰相真的佩服张丘建了,于是请他来府里做客,并详细询问他对这个"百钱百鸡"问题的解法。

小丘建说:"如果不买公鸡的话,那么买 25 只母鸡及 75 只小鸡刚好需要 100 文钱。另外,买 7 只母鸡需要 21 文钱,买 4 只公鸡和 3 只小鸡也刚好需要 21 文钱。宰相大人要求公鸡、母鸡和小鸡都要有,因此,只要少买 7 只母鸡就可以多买 4 只公鸡和 3 只小鸡,按您的要求,公鸡至多也只能买 12 只了。"

宰相确实心服口服了,也将他着实夸奖了一番。

回到家中,小丘建索性将这个"百钱百鸡"问题的解法整理成文:设买公鸡、母鸡和小鸡分别为 x、y、z 只,那么

$$\begin{cases} 5x + 3y + \dfrac{1}{3}z = 100, \\ x + y + z = 100。 \end{cases}$$

消去 z,化简得 $y = 25 - \dfrac{7x}{4}$。

因为 y 为正整数,所以 x 必须是 4 的倍数,即 $x = 4, 8, \cdots$;又由于 $\dfrac{7x}{4}$ 必为小于 25 的正整数,x 的可能取值只能为 4,8 和 12。

从而可得如下三组可能解:

$$\begin{cases} x = 4, \\ y = 18, \\ z = 78, \end{cases} 或 \begin{cases} x = 8, \\ y = 11, \\ z = 81, \end{cases} 或 \begin{cases} x = 12, \\ y = 4, \\ z = 84。 \end{cases}$$

张丘建研究的这个问题,由于有三个未知数,却只能列出两个方程,所以叫做不定方程。不定方程常常只要求整数解或正整数解。"百钱买百鸡"是世界上首次提出的三元一次不定方程及其解法,它

是我国古代数学史中的奇葩,比欧洲发现和研究同类问题要早一千多年。

4. 拜师夏侯阳

宰相非常欣赏张丘建,于是将他推荐给当时有名的数学家夏侯阳。可是夏侯阳并不肯轻易收徒,便出题检测他的智慧:"张家有 3 个女儿,大女儿 3 天回家一次,二女儿 5 天回家一次,三女儿 7 天回家一次,她们同一天离家,那么几天后她们又同时回娘家相聚?"

小丘建立刻答道:"她们再次相聚娘家的时间是 3,5,7 的最小公倍数 $[3,5,7]$,即 $[3,5,7]=3\times5\times7=105$ 天。"(注 $[a,b,c]$ 表示 a,b,c 三数的最小公倍数)

"小丘建果真聪明!"夏侯阳夸道,便又来一题:"有一条环山道路周长 325 里,甲、乙、丙三人环山而行,甲每日行 150 里,乙每日行 120 里,丙每日行 90 里。如果行走连续不断,问同一点出发,多少天后第一次再在原出发点相遇?"

小丘建一拍脑袋便有了主意,说:"根据已知条件,三人的速度比是:甲:乙:丙 $=150:120:90=5:4:3$。说明在第一次相遇时,甲步行 5 圈,乙步行 4 圈,丙步行 3 圈。三人出发后到第一次相遇所需要的时间为 $325\times5\div150=10\frac{5}{6}$ 天,或 $325\times4\div120=10\frac{5}{6}$ 天,或 $325\times3\div90=10\frac{5}{6}$ 天。"

"除此之外,我还有另一种解法。"小丘建接着说道,"甲、乙、丙三人环山一周所需要的天数分别为 $\frac{325}{150}=\frac{13}{6}$,$\frac{325}{120}=\frac{65}{24}$,$\frac{325}{90}=\frac{65}{18}$,仿照'三女相聚娘家'的思路,他们第二次相会于原出发点,应该是这 3 个数的最小公倍数 $\left[\frac{13}{6},\frac{65}{24},\frac{65}{18}\right]$。但最小公倍数仅限于整数范围,因此我们将 3 数乘以他们分母的最小公倍数 $[6,24,18]=72$,从而将 3 个数化为整数 $13\times12,65\times3,65\times4$,新得到的 3 个数的最小公倍数为 $[13\times12,65\times3,65\times4]=780$,再将所得的数 780 除以 72,得 $10\frac{5}{6}$,

即他们过 $10\frac{5}{6}$ 天第一次在原出发点相遇。"

夏侯阳原以为小丘建不过计算能力强些而已,张丘建将仅限于整数范围求解的最小公倍数问题推广到分数却在他意料之外。对此,夏侯阳非常满意,便同意收小丘建为徒。

5. 巧算"鹿角"数

光阴如梭,张丘建长大成人,供职朝廷。

公元 499 年,南齐萧宝卷继承王位,昏暴荒淫滥杀功臣,时任齐南兖州刺史的齐国名将裴叔业,举寿阳(今安徽寿县)降魏。二月,魏宣武帝派北魏名将杨大眼等率领骑兵两千人至寿阳协防。

杨大眼计划在沿寿阳城外边,每个长宽各 3 尺的地面上插上防御敌军前进的"鹿角"1 支("鹿角"是古代城防的兵器,它是把树枝削尖,遍插于城池周围,以便阻挡敌人进攻,形状如鹿角,故称为"鹿角"),共插 5 层。寿阳城池近似可看成正方形,周长为 20 里。因为 1 里 = 150 丈 = 1500 尺。所以城周长为 20 里 = 30000 尺。(注:1 尺 ≈ 0.333 米,3 尺为 1 米)

为了合理安排各士兵任务,所以需要安排适当数量的士兵制作"鹿角"。于是,杨大眼在前往寿阳之前请教张丘建需要制作多少支"鹿角"?张丘建告之需要制作 50100 支"鹿角"。

在此次军事行动中,杨大眼统军有方,设防有据,因功封爵位,食邑三百户,并擢任直阁将军。

张丘建是这么算"鹿角"的:

如图 1,正方形 *ABCD* 为寿阳城池,把城池周围分成为图中四个涂色矩形及四角上四个小正方形两部分,再分别计算这两部分的"鹿角"数。

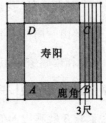

图1

因为城周长为 30000 尺,3 尺插一个"鹿角",共插 5 层,则四个涂色矩形需要插的"鹿角"数为 $(30000 \div 3) \times 5 = 50000$ 支;四角上四个小正方形需要插的"鹿角"数为 $(5 \times 3)^2 \div 3^2 \times 4 = 100$ 支,则共需要插 50100 支"鹿角"。

张丘建后来在《张丘建算经》中还提到：

假如把城内城外都插满了"鹿角"，先求出假定的"鹿角"支数，再减去城内并未插上的支数。

即 $(30000 \div 4 + 3 \times 5 \times 2)^2 \div 3^2 - (30000 \div 4)^2 \div 3^2 = 50100$（支）。

如果城为圆形的，这个办法也可以用。

6. 智服杨大眼

一天，宰相请夏侯阳、张丘建等人到府里做客。这时杨大眼来报，外出围猎的军队已经归来。宰相问："杨将军，此次围猎，成绩如何啊？"

杨大眼禀报："回宰相大人，此次围猎我们分三围，每围的围兵人数相等，最后共得鹿137100头。并按照以往的做法赐给围兵：最里面一围，每三人赐给五头鹿；中间的一围，每五人赐给鹿七头；最外面的一围，每七人赐给鹿九头。"

宰相问座上客："大家可知杨将军此次围猎共带了多少围兵？"张丘建马上回答："共94500人。"

杨大眼惊奇地问："张先生是怎么知道的？真是神机妙算呢。"

张丘建说："3，5，7的最小公倍数是105，于是知最内围每105个围兵共分得175头鹿，中间一围每105个围兵共分得147头鹿，最外围每105个围兵共分得135头鹿，从而平均每315个围兵共分得457头鹿，那么共有围兵137100 ÷ 457 × 315 = 94500（人）。"众人皆称妙。

张丘建接着说："在座的都喜欢数学，今我也出一道题：'现在有一只鹿向西跑，当猎人追至A处与鹿所在的B处还差36步（1里 = 300步）；鹿突然向北逃跑，此时骑马的猎人就斜着追过去，追了50步至D处与鹿所在的位置C处还差10步（如图2），于是猎人射得鹿。如果此鹿不向北转，而继续向西逃跑，猎人需追多远才能追上此鹿？'"

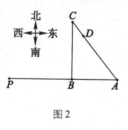

图2

大家都还在寻找解题方法时，夏侯阳心中已经有了答案，但他知道宰相也精通数学，便不急于作答。不久，宰相果然兴奋地说道："猎人需追 3 里才能追上此鹿。"众人喝彩。宰相谦虚道:"丘建出的题,他师父夏侯阳的解法一定更精彩。"

夏侯阳道:"宰相大人客气了,在下从命便是。如图 2 所示,知 $AB = 36$,$AD = 50$,$CD = 10$,且 $AB \perp BC$,由勾股定理知 $BC = \sqrt{AC^2 - AB^2} = 48$。而鹿行 BC 的时间与猎人行 AD 的时间相等,于是鹿与猎人奔跑的速度比为 48∶50。若鹿继续向西行,可设在 P 点被猎人追上,其中 $AP = x$。因为鹿行 BP 的时间与猎人行 AP 的时间相等,鹿与猎人的速度比亦可表示为 $(x - 36) \colon x$。故有 $\dfrac{x - 36}{x} = \dfrac{48}{50}$,从而可解得 $x = 900$(步),即 3 里。"

就这样,宰相宴客就成了一场数学盛会。从此以后,这种盛会还举行了多次。

以后,张丘建把平时讨论过的、自己发现的及数学著作上研究过的问题都收录到他的专著《张丘建算经》中。隋唐时期还把《张丘建算经》与《九章算术》《夏侯阳算经》等数学名著并称为《算经十书》。

09　　　　　抗强权卫真理的祖冲之

◇ ·······················

　　他多年为官却一生清廉,献身科学;为推行新历法而得罪权贵;他以精确计算圆周率而闻名。他的儿子也子承父业,在数学上有突出的贡献。他有太多的抗强权卫真理的故事。1955 年,邮政部专门为他发行纪念邮票,他就是我国南北朝时期杰出的数学家祖冲之。

祖冲之纪念邮票

1. 预报月食惊心动魄

　　公元 459 年,建都建安(今江苏省南京市)的刘宋王朝已是第 4 代孝武帝刘骏在位。一个显赫一时,权倾朝野的人物戴法兴,为庆自己 45 岁生日而广收彩礼,大宴宾客。由于此人心狠手辣,却又偏偏极受皇帝宠信,一句话就能让人家破人亡。所以朝野中的大小官员,都争相前来捧场。不过其中有一人例外,那就是年仅 30 岁的青年学者祖冲之。此人学识渊博,名噪京师,新近又被皇帝敕封为"华林学士"。戴法兴深信,此人的光临能够使自己蓬荜生辉,增加一片"与当今最出色的名士为伍"的光环。所以他特邀并与祖冲之手挽手、肩并肩地步入宴会大厅。

祖冲之本来十分厌恶戴法兴的为人,更不齿于与他为伍。但想到这是一次难得的朝野群臣大聚会,他可以借机向大家宣讲科普知识,也就欣然前往,"恭敬不如从命"了。

在例行的敬酒祝酒之后,戴法兴特地为客人们介绍了祖冲之,不花钱的赞赏之话几乎讲了一箩筐。轮到祖冲之答酒了。在一番简略的客套话之后,他突然宣布:"列位,今晚将会出现月全食,届时各位不必惊慌,我会为各位详解其中的道理。"

一时石破天惊,大家都惊呆了,宴会上鸦雀无声。原来古人大多不懂日、月食的道理,以为那是"天狗吃日月",意味着灾祸即将临头。这事如果发生在戴法兴的寿宴上,主人惶恐败兴,客人焉能安神?

戴法兴下意识地向窗外看了看,却见一轮明月当空,哪里有什么月食的象征?于是一腔怒火倾泻到祖冲之头上,他恶狠狠地质问道:"如果今晚没有月食又将如何?"

"如果没有月食,在下任凭处置。"祖冲之镇静自若,干脆坐了下来,自顾自地饮酒。戴法兴也强压一腔怒火,招呼客人们继续饮酒作乐。只有少数正派的官吏们,为祖冲之捏了一把汗。

不久酒会进入高潮,忽然厅外大街上的人们一阵慌乱,敲盆打碗者有之,大呼小叫者有之,惊慌失措者更有之。"天狗吃月亮了"的喊声此起彼落。客人惊吓得四散奔逃,戴法兴竟一骨碌跪了下去,不住地向天叩头,祈求上苍为他消灾赐福。忽然,他又将满腔的仇恨转移到那个预言月食之人,便问仆人:"祖冲之哪里去了?"仆人们诚惶诚恐地答道:"他已经走了。"

这天是公元459年9月19日,正是"阴历十五月团圆"之时。

2. 不畏强权力改历法

公元462年的一天,朝堂上,宋孝武帝正欲退朝,中书舍人巢尚之站出来说:"臣有本要奏!"

"你有何事?快说!"孝武帝不耐烦地催促。

"现在用的历法《元嘉历》不能准确预测,新历法《大明历》已经由祖冲之研究出来,鉴于祖冲之又曾成功预测月食,所以臣恳请废弃旧历,改用新历。"

祖冲之这个人孝武帝是知道的，他学识渊博，名声远扬。但是他在中朗将戴法兴的寿宴上预测月食，得罪了这个孝武帝身边的红人，只能去南徐州当了从事史。孝武帝看了看身边的戴法兴，敷衍道："改历不是一朝一夕的事情，况且祖冲之又远在南徐州，这事还是日后再论吧。散朝！"

不想，祖冲之为改历一事亲自来到京城，孝武帝不好再推辞，只好答应给祖冲之一个说服群臣的机会。

几天后，孝武帝召集文武百官及主管历法的官员，共同商议改历之事。

祖冲之首先对自己的历法作了一个简单的介绍："《大明历》与《元嘉历》的明显不同在于两点：一是每391年设置144个闰年，克服了旧历19年设置7个闰年里闰年太多的问题，可使节气误差缩小；二是由于冬至日每年有一些小的移动，所以我引入了岁差的概念，每45年只相差一度，这样制订历法就更加精确。"

中朗将戴法兴由于祖冲之在其寿宴上预测了月食，一直对其耿耿于怀。现在祖冲之要推行新的历法，他当然第一个不同意。于是挖苦道："19年7闰是古制，从春秋到现在从未出过差错，你不知天高地厚，居然敢违祖制。'日有恒度，而宿无改位'的道理古已有之，你还敢说冬至日是有变化的，真是狂妄至极！"

一些溜须拍马的官员也不住地点头："有道理，这祖冲之真是太狂妄了。"

祖冲之还在力争，他反驳道："如果按19年7闰的话每隔200年就要相差一天，从秦汉到现在，冬至日已经推迟了三天，中朗将大人难道看不到吗？而且用我的历法也能推算出436年、437年、451年和459年的四次月食，但旧历是做不到这一点的，中朗将大人难道认为这些不优于旧历吗？"

戴法兴理屈，又不甘于失败，竟然大叫："古制就是再错也要沿用，不是你这凡夫俗子要改就能改的。"

孝武帝见他的宠臣不占上风，也敷衍地说道："新历的推行暂缓，散朝！"

就这样，祖冲之明明更为先进的《大明历》被长期搁置，直到公元

510年祖冲之逝世10年后，才由梁武帝宣布正式施行。

需要说明的是根据新的闰周和朔望月长度，可以求出《大明历》的回归年长度是365.2428日，与现代测得回归年长度仅差万分之六日，也就是说一年只差46秒，这是非常精确的资料。

3. 历尽艰辛确定"祖率"

祖冲之很小就酷爱数学。一天，他在读《周髀算经》时，看到汉代赵爽作的注："圆径一而周三。"这么简单一句话，就在少年祖冲之的脑海里翻腾了。他找来了绳子，首先把绳子在碗口绕了一圈，然后把被绕的绳子均分成三段，再用其中的一段去量碗口的直径。发现绳长比直径略长一点，他又反复试验了多次，也都得到同样的结论。天都黑了，他还在沉思。爷爷问他在想什么。他说："《周髀算经》上说'径一周三'，我发现很不准确。圆越大，圆的周长就越大于直径长的3倍。"

爷爷祖昌听了高兴地回答："径一周三是非常不精确的，魏晋时期的刘徽得到的圆周率约3.14（编者注：郭书春等学者认为刘徽已精确到3.1416），能否再精确些还没有人研究过，你不妨试试看。"

也许正是这种不迷信古人的思想加之爷爷的鼓励，才成就了他日后的辉煌。

推广《大明历》没有成功，又被革去了官职。祖冲之反而能集中精力去研究《九章算术》《周髀算经》《海岛算经》等数学专著。

这天他又读到《九章算术》时忍不住惊叹："妙！妙！"儿子祖暅马上凑过来问道："什么妙啊？"

祖冲之回答说："刘徽利用割圆术计算了圆内接正六边形、正十二边形、正二十四边形，一直计算到圆内接正一百九十二边形的周长，这些正多边形的周长越来越接近于圆周，它们与直径的比值就越来越接近于圆周率，这样求得的圆周率的近似值为3.14。他还说实际的圆周率比3.14稍大，如果他继续割下去，就可以得到圆周率更精确的值。我何不将这个工作继续下去！"

祖冲之的提议得到儿子的大力支持。他们在地上画了一个直径为一丈的大圆，还制作了许多算筹。

运用"割圆术"的计算方法,他们从圆内接正六边形开始,一直计算到圆内接正二万四千五百七十六边形,这时正多边形的边已经和圆周紧贴在一起了。经过无数个日夜奋战,图形遍地,算筹成堆,他终于得到正二万四千五百七十六边形的周长为3.14159261丈,也就是圆周率约为3.14159261。祖冲之又计算了外切正二万四千五百七十六边形的周长,算出圆周率的值约为3.14159270208。于是,得到了圆周率介于3.1415926与3.1415927之间的精确结论。成为世界上第一个把圆周率的准确数值计算到小数点以后七位数字的人。

祖冲之还给出了圆周率的两个分数值,现称为约率$\left(\dfrac{22}{7}\right)$与密率$\left(\dfrac{355}{113}\right)$。

4. "牟合方盖"再创佳绩

一天,祖冲之父子俩又在研读《九章算术》中的"开立圆术"。却听祖冲之自言自语地摇头道:"遗憾啊,遗憾!"祖暅关切地问道:"父亲,又有什么事情让您遗憾?"

祖冲之答道:"《九章算术》中的球体积公式误差很大,刘徽提出的'牟合方盖'理论,我觉得非常有道理,可惜他没有推导成功。"

"什么叫做'牟合方盖'呢?"祖暅又来了兴趣。

"刘徽构造了一个如图1的几何体,它的每一个横切面皆是正方形,而且会外切于球体在同一高度的横切面的圆形,这个几何体就称之为'牟合方盖'。他已经知道一个圆与它的外切正方形的面积比为π:4,刘徽希望用'牟合方盖'来证实《九章算术》的公式是错误的。所以他没有成功。"

图1

父亲的解释引起儿子的沉思,经过几个不眠之夜的研究,祖暅终于得到一个原理:"幂势既同,则积不容异。"其意思就是:位于两平行平面之间的两个几何体,被任一平行于这两平面的平面所截,如果两个截面的面积相等,则这两个几何体的体积就相等。

　　祖冲之得知儿子的研究成果,异常兴奋。他提议:"构造一个熟悉的几何体,使得它与牟合方盖满足你所说的原理。"又说:"牟合方盖是一个对称的几何体,因此我们只要考虑它的八分之一体积便可。"

　　紧接着,祖冲之在稿纸上画出了八分之一牟合方盖,如图 2 所示:"如图,现在我们考虑它的任一平行于底面的截面 $PQRS$,不妨设 $PQ = a, UP = h, UQ = r$,其实 UQ 即为牟合方盖相对应球的半径。三角形 QPU 是一直角三角形。于是由勾股定理得 $a^2 = r^2 - h^2$,这正是截面 $PQRS$ 的面积。"

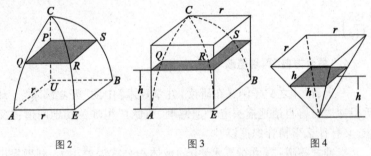

图 2　　　　　　　　　　图 3　　　　　　　　图 4

　　然后父子俩开始各自思考如何构造一个熟悉的几何体使得其距离底面为 h 的截面面积也为 $r^2 - h^2$。过了良久,祖暅边画图(如图 3 所示)边说道:"我们作出八分之一牟合方盖的外切正方体,在同一位置上的截面面积为 r^2,然后外切正方体取出八分之一牟合方盖的剩余部分,我们不妨称为方盖差。而 r^2 与 a^2 之差,即 $r^2 - a^2 = h^2$,正是方盖差在等高处的截面面积。"祖冲之接道:"非常棒!那就解决了,你所说的方盖差与图 4 所示的倒立正方锥在等高处的截面面积总是相等的。再结合你之前提到的原理,便有了方盖差和倒立正方锥的体积相等的结论。"

　　正方锥的体积可以求出,它等于同底立方体的体积的三分之一,因而也就知道了方盖差的体积,从而也知道了八分之一牟合方盖的体积。也就是 $r^3 - \dfrac{1}{3}r^3 = \dfrac{2}{3}r^3$,于是 $V = 8 \times \dfrac{2}{3}r^3 = \dfrac{16}{3}r^3$($V$ 表示牟合方盖的体积)。由于刘徽早已求出 $V_{球} : V_{牟} = \pi : 4$,因而祖氏父子立刻就得到球体体积的正确公式是：$V_球 = \dfrac{\pi}{4}V = \dfrac{\pi}{4} \times \dfrac{16}{3}r^3 = \dfrac{4}{3}\pi r^3$，再一次打破了刘徽的纪录。

5. 复官为民清廉一生

宋孝武帝死后，儿子刘子业把戴法兴杀了，这为祖冲之重回官场扫清了障碍。刘彧称帝后，祖冲之被派往娄县做县令。在他任职期间惩处了一批不法商贩，兴修水利，促进了农业发展。

一年秋天，祖冲之去农村视察，看到农民用碓舂米时既累又慢。他说："以前有人制造过用水做动力的碓，舂米又快又省力。正好村边有一条小河，我们是否也可以做一个这样的水碓？"

农民当然不太相信这位县太爷会真的帮他们做什么，但当祖冲之说明自己的方法之后，老农们开始热心起来，还帮助召集了一批"能工巧匠"。当第一台水碓在村边的小河上开工时，人们欢呼雀跃。

一位老农又提出："如果也能做一个水磨，那么我们磨面的时候也就能省不少力气了！"

祖冲之听到了老农的这个愿望，他想：水碓和水磨的原理应该是一样的，我可以把它们试着放在一个机器里，这样也可以节省不少材料呀。于是经过多次试验，他终于发明了水碓磨。

祖冲之的水碓磨节省了不少人力和物力，在民间广为流传，他也被人们称赞为"为民着想，为民造福"的好官。

除了水碓磨，祖冲之还发明了一些其他的机械，有指南车、千里船、欹器等。

祖冲之还精通音律，擅长下棋，写有小说《述异记》，是历史上少有的博学多才的人物。

公元 500 年祖冲之去世，享年 72 岁。为纪念这位伟大的古代科学家，人们将月球背面的一座环形山命名为"祖冲之环形山"，将小行星 1888 命名为"祖冲之小行星"。20 世纪末期以来，我国各地更主办过"祖冲之杯"数学竞赛等活动。

10 从"兔子数列"到"黄金比"

◇ ·················

1. 斐氏巧思成名题

公元 12 世纪 90 年代的一天,意大利南部迷人的西西里岛上,风和日丽,游人如织,不少人舒心惬意地躺在海滩上休闲,却听见两个人的精彩对话。

年轻的一个说:"老人家,我听人们说,与我们这里人多地少不同,澳大利亚可是地广人稀,我试图趁着年轻,到那里去谋求发展。听说您才从那里回来,能给我介绍一下那里的情况吗?"

斐波那契
(约 1170—约 1240)

年长的一个回答:"别去了。如今那里遍地都是兔子,弄得人们无法生存,我也是刚回来避灾的。"

"兔子还能成灾,真是天方夜谭。"另一个年轻人走了过来:"老人家,请你讲详细些好吗?"

这个年轻人叫斐波那契。1170 年出生于意大利比萨,成人后经常陪伴其父到各处游历,经商。这一天,父子两人正好来到西西里岛,在听到上述新奇议论后,极具数学头脑的他,决心把这个"兔子问题"弄个清楚明白。

看见围过来的人越来越多,老人叹息说:"这都是我造的孽啊。10年前,那里还没有兔子。是我移居到那里,才带去了唯一的一对小兔。可如今那里却是兔满为患啊。"

"是啊,"听者中有人附和,"我也听说那里成群结队的兔子占据民宅,吞噬庄稼,肆无忌惮地攻击居民。"

又有人说:"这些兔子斩不尽,杀不绝,可怜那里的人们,连生存都受到威胁啊!"

"10年前没有兔子,如今却是兔子成灾?"听众中不少人大惑不解。

"是啊,我也完全没有料到。"老者继续说,"我带去的那对小兔,到第三个月就长大了,而且生了一对新兔,以后每个月又都至少再生一对。这样一年下来,我居然得到了几百对兔子。"

"老人家,这我可就不明白了,"有人插嘴,"你当初只不过是带去一对小兔,就算每个月都生一对,一年下来,最多也只是十来对兔子,怎么出现了几百对呢?"

"你是不知道,"老人道,"每对小兔到第三个月又都长成大兔,而且开始生育……"

"哎呀,我的头都大了,"一些人在摇头,"这些兔子数该怎么算啊?"

斐波那契问:"您收获了这么多兔子,怎么不把它们卖掉一些,那样您不就发大财了?"

"卖掉?"老人苦笑道,"那里偌大的草原,走半天都不见一个人影,你能卖给谁?"

"老人家别担心,"一个中年人安慰道,"我也才从那里回来。听说澳洲当局已经动员了人工的、科学的、生物的力量,开展了一场声势浩大的灭兔运动。我想,不久后兔患就会平息,您就可以回去的。"

当晚,斐波那契根据他白天的所见所闻,自拟了一道数学题:

"如果一对兔子每月能生一对小兔子,而每对小兔在它出生后的第三个月里,又能开始生一对小兔子,假定在不发生死亡的情况下,由一对初生的兔子开始,一年后能繁殖成多少对兔子?"

他没有想到,这道题会成为流传千古的世界名题,他也因此成为世界最负盛名的数学家之一。

2. 惊天巨数揭谜底

斐波那契对自拟的那道数学题立即进行深入的研究。

他假定这对兔子是那个移民去年 12 月引进澳洲的。显然,去年 12 月和今年 1 月,他都只有 1 对兔子。但是到了今年 2 月,当初的小兔已经长大,就能生育一对小兔,所以今年 2 月,他拥有 2 对兔子。

到今年 3 月,当初的大兔又生了 1 对小兔,但是 2 月出生的小兔还没有长人,所以 3 月份他拥有 3 对兔子。

4 月份,不仅老兔子又继续生了 1 对,而且 2 月出生的小兔也长成大兔且生了 1 对,所以 4 月份他拥有 5 对兔子;按此规律,他还艰难地算出这个移民 5 月份的兔子数是 8 对,6 月份的兔子数是 13 对。

以下的计算越来越复杂。如果是常人,算到这里也许就放弃了,可是斐波那契不仅决心算出最后结果,而且要用更好的办法去进行计算。

经过潜心思考,他终于发现了兔子的繁殖规律是:每个月兔子数 a_n 由两部分组成,一部分是上个月兔子的总数 a_{n-1},另一部分是这个月新生的兔子数(即上上个月兔子的总数)a_{n-2}。于是每个月兔子数的计算公式为 $a_n = a_{n-1} + a_{n-2}$。 （1）

有了这个公式,他很容易算出每个月兔子的数量依次为 1,1,2,3,5,8,13,21,34,55,89,144,233。

这样,他不仅发现了一个以后流传将近 1000 年的神秘数列,而且得到这道数学题的初步答案,即到那年年底,那个欧洲移民一共得到 233 对兔子。

但是,要计算 10 年后到底会有多少对兔子,需要连续利用公式 (1)计算 120 次,不仅枯燥、麻烦,而且容易出错。他决心找出能够直接求出任意年后兔子总数的计算公式,这样,他就能够一劳永逸地解决那道自拟的数学题。

真是功夫不负有心人。经过连续几天的潜心研究,他还真把这个公式找出来了:

$$a_n = \frac{1}{\sqrt{5}}\left[\left(\frac{1+\sqrt{5}}{2}\right)^n - \left(\frac{1-\sqrt{5}}{2}\right)^n\right]。$$ （2）

奇妙的是,虽然公式(2)的结构中满是无理数,可只要 n 是正整数,那么由公式(2)计算而得的最后结果必定是能够反映兔子繁殖规律的正整数。例如:

$$n = 1 \text{ 时} , a_1 = \frac{1}{\sqrt{5}}\Big[\Big(\frac{1+\sqrt{5}}{2}\Big) - \Big(\frac{1-\sqrt{5}}{2}\Big)\Big]$$

$$= \frac{1}{\sqrt{5}} \times \sqrt{5} = 1;$$

$$n = 2 \text{ 时} , a_2 = \frac{1}{\sqrt{5}}\Big[\Big(\frac{1+\sqrt{5}}{2}\Big)^2 - \Big(\frac{1-\sqrt{5}}{2}\Big)^2\Big]$$

$$= \frac{1}{\sqrt{5}} \times \frac{1}{4}\big[\,(6+2\sqrt{5}) - (6-2\sqrt{5})\,\big]$$

$$= 1;$$

$$n = 3 \text{ 时} , a_3 = \frac{1}{\sqrt{5}}\Big[\Big(\frac{1+\sqrt{5}}{2}\Big)^3 - \Big(\frac{1-\sqrt{5}}{2}\Big)^3\Big]$$

$$= \frac{1}{\sqrt{5}} \times \frac{1}{8}\big[\,(16+8\sqrt{5}) - (16-8\sqrt{5})\,\big] = 2;$$

……

依据这个公式,他顺利计算出 10 年后,这个澳大利亚移民将至少拥有 $\frac{1}{2} \times 10^{25}$ 对兔子。这是一个骇人听闻的天文数字。假定当时澳洲有 10 万居民,那么平均每个居民将拥有 $\frac{1}{2} \times 10^{20}$ 对兔子。假定每 5 对兔子接起来只有 1 米长,那么这些对兔子接起来将有 10^{16} 千米长,可绕地球 2500 亿圈。

当然,由于各种条件,特别是生存条件的限制,实际上澳洲的兔子远不会到那么多,但是兔子的泛滥成灾则是没有疑问的。这也说明,如果不受限制地让某种生物疯长,其后果是非常可怕的。

斐波那契发现的"兔子"数列及其破解的公式(1)与(2)创造了流传近千年的奇迹。如今,人们依然习惯地称他发现的这个数列为"斐波那契数列"。

3. 大千世界藏秘密?

斐波那契没有想到,他所发现的这个数列,居然隐藏着自毕达哥拉斯以来的千年秘密。

开始,他只是出于好奇心研究那一串神秘的数字:

$1,1,2,3,5,8,13,21,34,55,89,144,233,\cdots$

首先,他依次求出这串数字每相邻两项之商是:

$1,\dfrac{1}{2}=0.5,\dfrac{2}{3}\approx0.67,\dfrac{3}{5}=0.6,\dfrac{5}{8}=0.625;\dfrac{8}{13}\approx0.615,\dfrac{13}{21}\approx$

$0.619,\dfrac{21}{34}\approx0.618,\dfrac{34}{55}\approx0.618,\dfrac{55}{89}\approx0.618,\cdots$

其次,他发现这些比值越到后来,越接近常数 0.618。那么,这个 0.618,到底是一个什么样的神秘数字呢?

他立即想到,在 1000 多年前,希腊的毕达哥拉斯学派就曾经研究过这个重要的比值。

如图1,取线段 $AB=1$,点 P 为分割点,若较长的一段是较小一段与全段的比例中项,则称点 P 分线段 AB 为中外比(亦称黄金比)。

设 $AP=x$,则 $PB=1-x$。由 $\dfrac{1-x}{x}=\dfrac{x}{1}$,也就是 $x^2+x-1=0$,由于 $x>0$,故解得 $x=\dfrac{\sqrt{5}-1}{2}$。这个 $\dfrac{\sqrt{5}-1}{2}$ 的近似值正是 0.618。

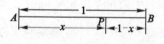

图1

千年以来,人们在观察大千世界的许多事物时惊奇地发现,它们都隐藏着这个神秘的黄金比。

供人们居住的一切建筑物必须要设置门窗。而在形形色色的门窗中,他们认为其形状以宽与高成黄金比的矩形最为合理;埃及金字塔的几何形状有五个面(四个侧面一个底面),八条边,十三个层面,其比值依次为 $\dfrac{5}{8},\dfrac{8}{13}$。

在自然界中也隐藏着大量的黄金比:美丽的蝴蝶身长与双翅展

开的长度之比正好是 0.618:1;

埃及金字塔

蝴蝶图案

向日葵花有 89 个花瓣,55 个朝一方,34 个朝向另一方,其比值依次为 $\frac{34}{55}, \frac{55}{89}$;

蜜蜂的繁殖中,雌蜂数与雄蜂数之比总是 1.618(黄金比的倒数)。且由于蜂后的卵受精后可发育成雌蜂,而工蜂的卵不经受精可发育成雄蜂。所以一个雄蜂的家谱总按照他发现的那个神秘数列递增发展;

一些动物的标准身长与身高之比,也是黄金比;

最使人惊奇的是,人体中也隐藏着大量的黄金比。

就人体结构的整体而言,一个标准人体的身材,脐以上与脐以下的比值是 0.618:1,所以肚脐是黄金分割点;标准男性的头顶至脐部,喉结是黄金分割点;肩峰至中指尖,肘关节(鹰嘴)是黄金分割点;足底至脐之间,膝关节(髌骨)是黄金分割点……

以后人们还发现,一个体形匀称的人,其腰围与胸围、腰围与臀围的理想比例,也是黄金比。右图是湖北某模特学校在招收新生时进行体型检查时的情景。

某模特学校体型检查

斐波那契惊喜地发现:他发现的这个"兔子数列",居然隐藏着这个流传千年的黄金比。这个数列每相邻两项之比 $\frac{1}{2}, \frac{2}{3}, \frac{3}{5}, \frac{5}{8}, \frac{8}{13}, \cdots$

都是这个黄金比的近似数,而且越是往后,这个近似比就越精确。

而这一点,是自毕达哥拉斯以来,人们历尽千年都没有认识到的。所以他感到特舒心,特满足。

4.科学使用黄金比

如果说,黄金数列和黄金比是大自然给人们的重要启示,那么黄金比的运用却是人类征服大自然,并创造更美好世界的重要标准。

(1)艺术创作中的黄金比

断臂的维纳斯,原是公元前2世纪希腊人的作品,如今是法国卢浮宫的镇宫三宝之一。人们认为她之所以这么美丽,一个重要原因是该作品最完美地反映了人体结构中的黄金比。

断臂维纳斯

一个好的音乐作品,总是在其全段的 $\frac{2}{3}$ 处出现高潮,这样,听众最能够得到赏心悦目的享受。

二胡演奏者应该将二胡的千金放置在琴弦的黄金分割点(即琴弦以下的部分占弦长的0.618),才能够获得最好的音色。

有人设计过一种半椭球形的音乐厅,也就是通过这个椭球中心的任意一个截面都是半椭圆。由于椭圆有两个焦点 F_1,F_2,所以将乐队安置在其中一个焦点处时,乐队发出的任意一条声波经过椭球面反射,都能通过另一个焦点,所以一个乐队就相当于两个乐队,因而这种音乐厅的音响效果特别好。如果相应的椭圆又是黄金椭圆(即图2中 F_1,F_2 分别是 OA_1,OA 的黄金分割点)则效果更好。

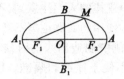

图 2 黄金椭圆

美国总统使用的白宫椭圆形办公厅,其形状堪称为黄金椭圆,所以它的音响效果也是最佳的。

(2)优选法中的黄金比

1953 年美国数学家基弗根据黄金比的规律首先提出科学实验中的优选法,由于这个"优选法"既科学又便于操作,所以在世界范围内得到迅速的推广。

在上世纪 70 年代,杰出的数学家华罗庚冲破重重障碍,率先在我国推广优选法。他在各地巡回演讲中举例说,如果某种炼钢技术需要在 1000~2000 ℃之间进行试验,你不可能每隔 1 ℃都试验一次(那样会使复杂的试验次数达到 1000 次),科学的办法是首次试验在 1000~2000 ℃的黄金分割点,即 1618 ℃处,下一次试验则在 1000~2000 ℃的另一个黄金分割点,即 1382 ℃处,然后保优淘劣,如此类推,就能很快找到最佳的投产方案。

自那以后,优选法也在我国得到迅速的普及。人们在金融投资,产品决策等方面,都尝试着使用黄金比。例如,在调查了去年各种产品的销售情况后,如何确定今年投资的重点,放在去年销售最好的产品上是未必恰当的,那样会造成盲目跟风,很可能会使得今年的销售情况一落千丈。正确的选择,是将去年各种产品的销售情况由高到低排序,然后将排序总数乘以黄金比。

与此同时,在消费领域中也有人妙用黄金比:在同一商品有多个品种、多种价值情况下,将高档价格减去低档价格再乘以 0.618,即为挑选商品的首选价格。

当然,市场情况是复杂的,应当参考借鉴的因素很多,不能简单从事,机械搬用。

(3)战争中的黄金比

人类有几千年的文明史,同时也延续了几千年的战争。撇开战争的性质不论,研究战争规律的人们注意到,不仅不少著名的战争都与黄金比有关,连战争中使用的武器也离不开黄金比。

当发射子弹的步枪刚刚制造出来的时候,它的枪把和枪身的长度比例很不科学合理,不便于抓握和瞄准。1918 年,一个名叫阿尔文·约克的美远征军下士,对这种步枪进行了改造,改进后的枪身和枪把的比例恰恰符合黄金比例。经过这种改造后的步枪,使用起来就得心应手多了。

如果某种火炮最大射程为 12 千米,最小射程为 3 千米,则其最佳射击距离在 9 千米。理由是:$3 + (12 - 3) \times \dfrac{2}{3} = 9$。在进行战斗部署时,如果是进攻战斗,大炮阵地的配置位置一般距离己方前沿为 $\dfrac{1}{3}$ 倍最大射程处,如果是防御战斗,则大炮阵地应配置距己方前沿 $\dfrac{2}{3}$ 最大射程处。

战争的基本原则是保全自己,消灭敌人。比较原始的武器是使用矛与盾,前者用于进攻以消灭敌人,后者用于防御以保全自己。但是矛与盾应当怎样配置才最为合理? 成吉思汗的蒙古铁骑为什么能够在短期内横扫欧亚大陆,经过研究,人们发现其重要原因之一是他的骑兵配置符合黄金比。在所有骑兵中,人盔马甲的重骑兵适合防御,但由于装备笨拙而显得攻击乏力;快捷灵动的轻骑兵攻击灵活却在防御上存在缺陷。成吉思汗采用的是 5 排制的战阵,其中两者的比例为 2:3,这正是最实用的黄金比。

历史上一些侵略成性的战争狂人,总是由不可一世转而踩着黄金点走上下坡路。

1812 年 6 月,一代枭雄拿破仑开始远征沙皇俄国,仅用了 3 个月的时间就打进了莫斯科,达到他远征事业的顶峰。可是他怎么也不会想到,之后不到两个月,他又不得不灰溜溜地被赶回法国。这个时间比正好是 3:2。这就是说,当拿破仑趾高气扬地站在莫斯科城头时,他已经踩在由极盛走向极衰的黄金线上。

1941 年 6 月 22 日,德国纳粹党启动了针对苏联的"巴巴罗萨"计划,在长达 26 个月的时间里,德军一直保持着进攻的势头,而且很快占领了苏联广袤的领土。但是战争的转折点发生在第 17 个月的斯大林格勒大血战。注意到,17:26≈0.65,这个数据比 $\frac{2}{3}$ 更接近黄金比。

如果人们认为以上军事实例只不过是偶合了黄金比的话,那么发生于 2003 年的第二次海湾战争,则是人为地、有意识地使用黄金比。

两支部队交战,如果其中之一的兵力、兵器损失了 $\frac{1}{3}$ 以上,就难以再同对方交战下去。美国人十分明白黄金比在战争中的作用。他们总是首先利用其空中优势实行狂轰滥炸,然后开展地面进攻。这次战争中美英联军持续轰炸达 38 天,直到摧毁了伊拉克在战区内 428 辆坦克中的 38%、2280 辆装甲车中的 32%、3100 门火炮中的 47%,这时伊军实力下降至 60% 左右,也就是将伊拉克军事力量削弱到黄金分割点以下后,才抽出"沙漠军刀"砍向萨达姆,之后的地面作战只用了 100 个小时就达到了战争目的。

和任何一项科学技术一样,黄金比用于正途则能够为人类造福,用于邪恶也会为人们带来灾难。

这正是:

斐氏巧思成名题,惊天数据破谜底;大千世界求改造,科学使用黄金比。

11 中世纪数学泰斗秦九韶

◇ ⋯⋯⋯⋯⋯⋯

在中国古代数学家中,有这样一位传奇式的人物,他一生只有一本著作,却被广大的史学家高度赞誉,美国著名科学史家萨顿甚至说他是"他那个民族,他那个时代,并且确实也是所有时代最伟大的数学家之一"。他就是被誉为中世纪数学泰斗的数学家秦九韶。

1. 一生为官厚积薄发

秦九韶,字道古。于 1208 年生于普州安岳(今四川安岳),其父秦季槱进士出身,在朝中为官时,曾结识许奕、魏了翁、真德秀,这几个人对后来秦九韶的学习和入仕影响很大。

1219 年,张福、莫简等发动兵变,攻占普州,父亲携全家辗转抵达南宋都城临安(今杭州),在此期间,秦季槱担任了工部郎中和秘书少监。既负责营建,又掌管图书,因此,秦九韶

秦九韶
(约 1208—约 1261)

有机会阅读大量典籍,并拜访天文历法和建筑等方面的专家,请教天文历法和土木工程问题,还深入工地,了解施工情况。

秦九韶的兴趣非常广泛,他曾向隐君子陈元靓学习数学,拜李梅亭为师,学习骈俪、诗词、游戏、毬马、弓箭等。宋人周密说秦九韶"性

极机巧,星象、音律、算术以至营造等事,无不精究"。

1231 年,秦九韶中进士,于 1233 年以后步入官场,先后任县尉、通判、参议官、州守、同农、寺丞等职。在他出任地方官吏时,广泛接触了工程技术、农田水利、钱粮经济等工作。

1244 年 11 月,秦母去世,秦九韶回湖州为母亲守孝至 1247 年,在此期间将潜心研究的数学成果总结成书《数学大略》。

三年后,秦九韶重回官场,又将其主要精力用于政治,因而秦九韶的数学生涯就此结束。直到 1261 年因参与政治派系斗争被贬至广东梅州,不久辞世。

秦九韶在数学上的成功取决于向能者虚心请教,大量阅读各种典籍,以及在生活中的积累与总结。经过几十年之功,终于写成传世名著《数学大略》。

2. 算中宝典《数书九章》

秦九韶为母亲守孝期间写成的《数学大略》,约于明朝后期改名为《数书九章》,正是这本秦九韶唯一的数学著作被中算史家誉为"算中宝典",成就了他在数学史上无可替代的地位。

《数书九章》沿用了《九章算术》的体例,采用问题集的形式,按用途分为 18 卷,共 9 章,分为 9 类,每类 9 个问题。主要内容如下:第一章,大衍类:一次同余式组解法;第二章,天时类:历法计算、降水量;第三章,田域类:土地面积;第四章,测望类:勾股、重差;第五章,赋役类:均输、税收;第六章,钱谷类:粮谷转运、仓窖容积;第七章,营建类:建筑、施工;第八章,军旅类:营盘布置、军需供应;第九章,市易类:交易、利息。

与《九章算术》不同的是全书的问题除"问曰""答曰",还给出了"术曰"与"草曰"两部分,分别说明解题原理与步骤和详细的解题过程。更为可贵的是书中涉及的不少创新方法均领先西方 500 年左右,其中比较重要的有"大衍求一术""正负开方术",等等。

(1)大衍求一术

大衍求一术源于《孙子算经》中的物不知其数问题:"今有物不知其数,三三数之余二,五五数之余三,七七数之余二,问物几何?"

（关于此题的另一种解法请参看《话说"韩信点兵"》一文）

《孙子算经》中给出的术文指出："三三数之,取数七十,与余数二相乘;五五数之,取数二十一,与余数三相乘;七七数之,取数十五,与余数二相乘。将诸乘积相加,然后减去一百零五的倍数。"列成算式就是 $x = 70 \times 2 + 21 \times 3 + 15 \times 2 - 2 \times 105 = 23$。但《孙子算经》并没有说明 70,21,15 这三个数的来历。

这个问题用现代语言来说相当于求 x,使一次同余式组
$$\begin{cases} x \equiv 2 \pmod 3, \\ x \equiv 3 \pmod 5, \\ x \equiv 2 \pmod 7 \end{cases}$$
成立 [注: $x \equiv a \pmod b$ 是指 x 和 a 除以 b 的余数相同,如 $11 \equiv 5 \pmod 3$ 表示 11 和 5 除以 3 的余数相等,易知余数均为 2]。

实际上 70 是 5 与 7 的公倍数且被 3 除余 1;21 是 3 与 7 的公倍数且被 5 除余 1;15 是 3 与 5 的公倍数且被 7 除余 1。

由于在计算时最后一步都要出现余数 1,计算才终止,因此秦九韶把他的方法叫做"求一术",至于"大衍"则是秦九韶从《易经》"大衍之数"中摘取出来的。

秦九韶将此问题推广到除数为任意整数的情形,给出了一般同余式组的解法(也称"中国剩余定理"),并在《数书九章》中收集了大量例题,广泛应用大衍求一术来解决历法、工程、赋役和军旅等实际问题。

需要说明的是,在西方直到 1734 年欧拉和 1801 年高斯才分别独立地给出了与大衍求一术相同的算法,秦九韶的算法较西方要早500 年左右。德国的著名数学家 M. 康托尔(M. B. Cantor)高度评价了大衍求一术,并称秦九韶是"最幸运的天才"。

我国古代从《孙子算经》开始,在一次同余式的研究中做出了许多独创性的贡献,因此在国外,求解一次同余式组的方法一直被公正地称为"中国剩余定理"。

（2）正负开方术

解方程一直是古代数学研究的一个中心问题,在中国古代已经系统地解决了方程的求解问题,秦九韶在前人工作的基础上提出一套完整的求方程正根的方法,为了说明他的方法的正确性,他甚至在

《数书九章》中就设置了一个高达 10 次的方程。这个求方程正根的方法就叫"正负开方术"。

"正负开方术"求方程正根的思路如下：先估计根的最高位数字，比如是 a，则将 $a+h$ 代入原方程，通过代数运算就可以得到一个关于 h 的方程，再去估计关于 h 的方程的最高位数字，依此一直进行下去，就可以得到方程的满足精确度要求的一个近似根。

从现代的观点看，虽然这个算法利用笔算比较繁琐，但是它可以反复迭代，在它的基础上可以编订"秦九韶程序"，利用计算机快速执行。这种算法比西方的霍纳早 500 多年。

（3）三斜求积术

对于三角形的面积计算，《九章算术》指出为"底乘高的一半"。但有时使用这种方法并不方便，例如丈量土地面积时，如果不是直角三角形，最容易量取的数据是三角形的三条边。秦九韶提出了"三斜求积术"彻底解决了这个问题。

秦九韶把三角形的三条边分别称为小斜、中斜和大斜。他给出的方法是："以小斜幂，并大斜幂，减中斜幂，余半之，自乘于上；以小斜幂乘大斜幂，减上，余四约之为实……开平方得积。"

翻译成现代语言就是：

若三角形的三边长分别是 a,b,c，其 $a>b>c$，那么其面积

$$S = \sqrt{\frac{1}{4}\left[c^2a^2 - \left(\frac{c^2+a^2-b^2}{2}\right)^2\right]}。 \qquad ①$$

公式①经过适当变形，可得

$$S = \sqrt{p(p-a)(p-b)(p-c)}。 \qquad ②$$

这就是古希腊海伦发现的海伦公式（其中 p 是三角形周长的一半）。因此有人建议将上面两个式子并称为"海伦 – 秦九韶公式"。

如《数书九章》卷 5 第 20 题如下："问沙田一段，其小斜一十三里，中斜一十四里，大斜一十五里……欲知为田几何？"

这里"三斜"依次为 13, 14, 15。由公式①，得

$$S = \sqrt{\frac{1}{4}\left[13^2 \times 15^2 - \left(\frac{13^2+15^2-14^2}{2}\right)^2\right]} = 84。$$

如果用公式②，先求出 $p = \frac{1}{2}(13+14+15) = 21$，

所以 $S = \sqrt{21(21-13)(21-14)(21-15)} = 84$。

3. 谜样人格争议不断

由于史料缺失,关于秦九韶的人品,主要见于周密的《癸辛杂识续集》和词人刘克庄文集中的"缴秦九韶知临江军奏状"。

刘克庄说他"到郡(琼州)仅百日许,郡人莫不厌其贪暴,作卒哭歌以快其去",周密也说他"至郡数月,罢归,所携甚富"。据说,他平日横行乡里,恶霸一方,所以多次被褫去官职或取消任命。他还命令手下杀死自己的儿子,而且亲自设计了毒死、用剑自裁、溺死三种方案,当得知手下放了他儿子时,他竟巨额悬赏,追杀儿子和这名手下。

于是秦九韶的个人形象在很长一段时间内被认为是性格乖戾,为官贪暴。直到新中国成立后,我国学者钱宝琮仍然指出"秦九韶喜奢好大,嗜进谋身,私人品质也极恶劣"。

然而19世纪后,我国也有一些数学史家,如焦循、陆心源、郭书春等,据史辨析,认为周密及刘克庄的记载均与史实不符。青年时期的秦九韶结识了魏了翁、真德秀、许奕、吴潜等一大批主战人士,始终站在了主战一方,因而卷入了抗金、抗蒙的政治斗争之中。而刘克庄晚年曾追随主和派的代表人物丞相贾似道,其文章谀词谄语,连章累牍,为人所讥。因而不排除秦九韶是受到贾似道一派的攻击和诽谤,其文章所记不可全信。至于周密的记载很可能也是受到了政治派系的影响。

所以数学史家郭书春等认为秦九韶始终恪守传统道德,体察民间疾苦,反对横征暴敛,主张施行仁政。这也可从很少的一些资料中看到它的影子,如1238年秦九韶回临安为父亲守孝时发现西溪两岸的群众过河不方便,于是设计修建了"西溪桥",后来数学家朱世杰为纪念秦九韶,将桥命名为"道古桥",直到1988年杭州市政府为加快城市建设才拆除了道古桥。

12 朱世杰巧结堆码缘

◇ ⋯⋯⋯⋯⋯⋯

1. 西子湖畔逢知音

13 世纪末,我国元朝初期,在游人如织的杭州西湖畔,一个二十来岁的年轻人,寻得一间不大的酒肆正自斟自酌,却发现酒突然没了,便随口吟出一首诗来:

> 我有一壶酒,携着迎春走。
>
> 酒店添一倍,逢友饮一斗。
>
> 店友经三处,没了壶中酒。
>
> 借问此壶中,原当多少酒?

邻桌有两人走了过来,一个说:"先生'出口是文章,饮酒也数学'。佩服,佩服!"

另一个说:"我俩正谈论数学呢,想与先生一起切磋,不知是否扫了先生的雅兴。"

"哪里,哪里,"年轻人赶快起身让座,"难得两位对数学也感兴趣,请问尊姓大名?"

一个说:"在下李真,河北真定人氏,现在杭州府台手下虚任文书一职。"

另一个说:"在下沈明,杭州钱塘人氏,现在经管杭州陶瓷厂。"

年轻人自我介绍:"在下朱世杰,北京燕山人氏,沿途游学到此,不想一首歪诗,竟惊动了两位先生,惭愧得很啦。"又云:"两位先生对在下这首诗,有何见教?"

沈明道:"先生这道题,倒推过去即可。第三次饮酒前,应该恰有 1 斗酒,未'加倍'前,是 $\frac{1}{2}$ 斗酒;第二次饮酒前,应该有 $\frac{3}{2}$ 斗酒,未'加倍'前,是 $\frac{3}{4}$ 斗酒;第一次饮酒前,应该有 $\frac{7}{4}$ 斗酒,未'加倍'前,是 $\frac{7}{8}$ 斗酒。所以,先生壶中,原有 $\frac{7}{8}$ 斗酒。"

李真道:"先生这首诗,用李冶先生的天元术(注:也就是设一个未知数,解一元方程)来解就是:设先生原有酒 x 斗,来到第一家酒店,'添 1 倍'成了 $2x$ 斗酒,遇到第一个朋友喝了 1 斗,还剩 $(2x-1)$ 斗酒;再来到第二家酒店,'添 1 倍','饮 1 斗'后,剩 $2(2x-1)-1=(4x-3)$ 斗酒;最后到第三家酒店,'添 1 倍','饮 1 斗'后,'没了壶中酒',按天元术即得 $2(4x-3)-1=0$,解得 $x=\frac{7}{8}$。也就是,先生壶中原有 $\frac{7}{8}$ 斗酒。"

朱世杰吃惊暗忖,自古苏杭多才子,看来这两位学识不低。口中却说:"两位高论,在下受益匪浅。只可惜这李冶先生早已过世,在下无从拜见。两位可否介绍一二?"

李真道:"李冶先生是前(金)朝末年人,也是我的族人,他的逸闻趣事很多,"那李真口若悬河,如数家珍地侃开了,"他酷爱写诗,更偏爱数学。一次,他给他的一位诗友发去一封信:

图形如画,数字如诗;遨游其中,如醉如痴。

"随信还附去一幅图形(如图1)并问:'兄台可知这个图形中有多少个正方形?'

"那诗友是一个当官的。接到信,也不知道是对李冶的问题不屑一顾,还是根本理解不了图形的奥妙。竟回信劝他:李冶搞这种下贱的数学有什么出息?倒不如和他一样,走'学而优则仕'的求官之道。为此还专门附诗一首:'玩物丧志戏贱技,高官厚禄美名留,荣华富贵

青云路,何作庶民数字牛.'

"面对朋友的讥笑与奚落,李冶毫不动心,并回诗一首表明心迹:'高官厚禄吾不爱,数字游戏兴趣稠,人间科技通四海,不耻贱技甘做牛.'

"李冶是这样说的,也是这样做的.他不是没有做官的机会.元世祖忽必烈知道他很有才干,曾多次召见他.他都不为所动,而是继续他的数学研究,过他的清贫但是自在的生活.他的一句名言是:'学有三:积之之多不若取之之精,取之之精不若得之之深.'"

朱世杰道:"好啊,学多些不如学精些,学精些不如学深些.但不知两位对图1是怎么研究的?"

李真道:"图中的正方形分为4类:

第一类,最小的正方形,4×4=16个;

第二类,较大一些的正方形(每个含4个小方格),3×3=9个;

图1

第三类,再大一些的正方形(每个含9个小方格),2×2=4个;

第四类,最大的正方形(含16个小方格),1个.

所以图1中共有1+4+9+16=30个大小不同的正方形."

那沈明的兴致也来了,竟高声喊道:"老板,将我昨天才送来的精美酒杯拿30个来!"

那酒店老板却认得他,一边送来酒杯一边说:"啊,原来是陶瓷厂的沈厂长,要这么多酒杯干啥?"

"我自有用处."一边将那些酒杯(图2)倒过来堆放在桌子上如图3:"如果将李兄那些大小不同的正方形化为同样大小,显然不影响正方形数目的统计,但是,它们就只能摆成立体的形状.如图3,这些'正方形'有:

最下一层,4×4=16个;第三层,3×3=9个;第二层,2×2=4个;最上一层,1个.所以共有1+4+9+16=30个大小不同的正方形."

朱世杰不禁喝彩道:"好啊,这图1与图3内涵不同,可实质一样,两位可说是殊途同归,真是太妙了。"又说:"不过请教沈兄,你怎么会想到用这种办法统计正方形的?"

图 2
酒杯

图 3
酒杯堆码模型

沈明道:"不瞒两位,在下开办的杭州陶器厂,经常与各类堆码打交道。见得多了,就有心研究它们的堆放规律和记数方法。两位有空时,一定到我那儿参观指教啊!"

正当三人兴致勃勃地谈论时,门外忽然有人大呼:"不得了啦,要打死人啦!"不久就有一位妙龄女子被人追赶着跑了进来,三人赶忙站起,这是怎么回事?

2. 智救弱女留美名

原来追打那位妙龄女子的,乃是一个穿金戴银的半老徐娘。她边追边打边骂:"你这个骚货,放着大把的银子不赚,竟敢背着老娘逃跑,看老娘今天不打死你!"

三人马上明白:追赶那女子的,一定是某个妓院的鸨母。说时迟,那时快。朱世杰放过那女子,却伸手将那鸨母一拦:"你这人怎敢光天化日之下打人,难道就不顾王法了吗?"

那鸨母居然使劲将朱世杰推开,吼道:"王法?她是我用 50 两银子买来的。银子就是王法。你有钱帮她还我 50 两银子,我马上还她自由身。"

可是这一推不打紧,却把沈明精心摆成的一堆酒杯摔了个稀里哗啦。那沈明拍桌而起,伸手扯住那鸨母:"我不管你银子不银子,你先赔了我的酒杯再说。"

那鸨母看到那一堆被打碎的精美酒杯,也兀自发愣。

被鸨母搅了雅兴的李真,也冷不丁地怒喝道:"你强买民女,该当何罪!"

那鸨母却认得李真,气焰陡然央了下去。原来那元朝的等级制度森严,共分为官、吏、僧、道、医、工、匠、娼、儒、丐十级。李真是政府雇员,属于"吏",而鸨母则是"娼",生生高她六级,焉能不收敛些?于是她缓缓地说道:"小的哪敢强买,只想将买那姑娘用去的银子赎回。"

朱世杰想:这姑娘必定另有隐情。于是趁着沈、李二人与那妇人周旋时,将那女子带到一旁细问情由。姑娘轻声细语地诉说了一遍。朱世杰道:"如此,这鸨母也忒黑心了!"

原来那姑娘名叫于彩云,其父母是扬州乡下贫苦的农民,去年因为天灾,生活难以为继。与杭州王鸨母早有勾结的刁财主,专门做拐卖年轻女子的勾当。他见于彩云貌美,就假惺惺地主动借了10两银子让于家度荒,约定年息4成。一旦姑娘拐骗到手,再让其接客或倒卖,其利润则由刁财主和王鸨母共享。眼见得一年债期已满,于家无力还债,刁财主就哄骗于家父母道:"如今一年期限已过,不要说让你还债,你生活度日也感困难呢!不如让你女儿到杭州城里的有钱人家做个帮工,既省得你们还债,又好歹有点积蓄,对你们也是贴补。"

万般无奈,于彩云只得随王鸨母来到杭州那鸨母所在之处。不想已经有好几个同村姑娘先期被拐骗到那里,并被强制接客。于姑娘一看情势不对,就赶紧撇开鸨母逃跑,这才出现了刚才一幕。

面对酒店门前众多的围观者,朱世杰将姑娘的情况简述了一遍,最后说:"借10两,还14两,这种高利贷已经够狠了。现在一转手,要卖50两,你看这鸨母有多黑心!"

围观的人中不少人义愤填膺地怒吼道:"黑心鸨母做出这等伤天害理的事,将来一定不得好死!"

那鸨母本来理亏,平时只知道仗势欺人,现在不仅被李真的气势镇住,更慑于人多势重,脸涨得通红,只得自下台阶:"小的委实是花了14两银子,就请哪位客官赏给纹银14两,小的一定不再纠缠。"

朱世杰立即掏出银子交于鸨母:"于姑娘留下,你走吧!"不料沈明大声吆喝道:"我这些精美酒杯,好歹也值1两银子,你是赔与不赔?"那鸨母只得付给沈明1两银子悻悻地去了,那姑娘对朱世杰却是千恩万谢。

沈明深情地说:"朱先生仗义救人,在下实在佩服。"继而劝那姑娘:"这位朱先生豪爽仗义,你就放心地跟着他吧。"李真也力劝朱世杰将姑娘收留。朱世杰心想,自己游学也正需要一个帮手,也就答应了。

眼看天色已晚,于是李、沈二人也都起身告辞。临走前,沈明再三嘱咐:"有暇时,欢迎先生到我那里做客。"

3. 堆码见证姻缘好

朱世杰一直念念不忘沈明的堆码,第二天就带着于彩云寻到"杭州陶瓷厂",沈明热情地接待了他们。在陶瓷厂宽广的场地上,堆放着难以记数的各式堆码。沈明带着他们逐一参观,介绍:

"图4是堆码的基本形式。你看这个堆码,共有11层,由上而下依次有2,3,…,12个。它的总数是多少呢?"不待朱世杰回答,沈明接着说:"我们的算法是:将中间一层(第6层)的个数(7个)乘以层数,也就是$7 \times 11 = 77$个。"

图4

"好啊。不过你这堆码是单数层的,如果是双数层,例如12层,又该怎么算呢?"朱世杰问。

"那也简单,拿中间两层的平均数乘以层数即可。"

"你这个堆码前后也有两堆。"

"前后有几堆,就将第一堆的得数乘以几。"

沈明将客人领到另两处堆码面前,继续介绍道:"这两处(图5,

图6)都是陶器堆码的一般形式。它们的特点是:每一层都呈长方形的形状,且每下一层的长边与宽边上的陶器数,都比上一层多一个。"

图5

图6

如此广袤的陶瓷天地,使朱世杰顿感心旷神怡。他说:"图5中的陶器,最上一层是 2×10(个),以下各层依次有 3×11(个), 4×12(个),…,共7层,那么它的总数应是 $2 \times 10 + 3 \times 11 + 4 \times 12 + 5 \times 13 + 6 \times 14 + 7 \times 15 + 8 \times 16 = 483$(个)。"

"这样计算当然可以,"沈明说,"不过我们通常的算法是用中间一层的陶器数乘以层数,即 $5 \times 13 \times 7 = 455$…"

"这个答案明显不对!"朱世杰赶忙纠正。

"别急,再加28,即得483个。"沈明不慌不忙地补充。

"咦,这个28是怎么来的?"朱世杰好奇地问。

"是事先算好的数,我们称之为'补数'。

凡是这种形式的堆码,当层数为7时,这个补数总是

$$m = \frac{1}{12} \times 6 \times 7 \times 8 = 28。$$

一般地说,当层数为 n 时,其补数是

$$m = \frac{1}{12}(n-1) \cdot n \cdot (n+1)。$$

"太妙了。"朱世杰说,"这个'补数',是沈先生自己研究出来的吗?"

"不是,是前朝北宋年间的沈括研究出来的。"接着,沈明讲了一个故事:

"那时朝廷有一个当转运使的官员发现在他手下当差的沈括才

华出众,有意把自己才貌双全的女儿嫁他为妻。当他征询自己的另一个下属的看法时,不想那个下属怀有私心,也想迎娶那位小姐,就刻意丑化沈括:'我见他经常出入一家酒厂喝酒,老是醉得人事不省,在家蒙头大睡,几天闭门不出。'那位官员叹道:'嘿,原来这家伙是个酒鬼。真是七不害人,八不害人,九(酒)害人哪!'

"可有一次他突然造访沈括的住处时,才发现完全不是喝酒误事,而是在闭门研究酒厂堆码的记数方法。沈括见他的上司来了,高兴地指着桌上一堆铁罐(如图7)说:'我找到这种堆码的计数方法了。'

图7

"转运使饶有兴趣地问:'那么你这个堆码该有酒桶 $1+4+9+16+25+36=91$ 个吧。'

"'您的算法不错,'沈括说,'不过,我发现还有一种算法很奇妙:将中间一层(3、4层的平均数,即3.5层)的个数乘以层数得 $3.5 \times 3.5 \times 6=73.5$。'

"转运使说:'错了,这些酒桶的个数怎么可能是小数?'

"'不急,'沈括说,'再加 $\frac{1}{12} \times 5 \times 6 \times 7=17.5$,即得91。'

"'可是,这种算法并不简单。'转运使说。

"'假如堆码比较庞大,它的优越性是很明显的。'沈括说,'只要是长方台式的堆码,都可以用中间一层的个数乘以层数,再加一个适当的补数即可。例如,不少于5层的堆码,其补数分别为:

层数	5	6	7	8	9	10	11	…
补数	10	17.5	28	42	60	82.5	110	…

"看到此情此景,转运使大为感叹:'有了这个补数表,实际记数就方便多了!'不久,沈括就当上了转运使的乘龙快婿。"

朱世杰还沉浸在沈明所讲的故事中,沈明不由打趣道:"我看这位于姑娘与你很投缘,你们也是天造地设的一对啊!"

"先生不要乱说,君子不能乘人之危啊!"朱世杰赶紧表明心迹。可是那于彩云此时却是芳心乱动。她暗自下定决心,要仿效那位转运使的姑娘,"此生非朱世杰不嫁"。

临别时,沈明又再三嘱咐:"他日你们喜结良缘,可不要忘了请我吃酒啊!"

4. 秦淮河畔悟真经

离别了沈明和他的陶瓷堆码,朱世杰又偕同于彩云来到江南最繁华的都市——金陵(今江苏省南京市),更游览了人说人醉的秦淮河。

图 8
金陵秦淮河之一

图 9
金陵秦淮河之二

在游览中,见一小女孩周围有人正在争论什么。走近一看,原来那女孩在卖红枣。要价是 5 个钱 7 两红枣。一老者称了 1 斤 5 两红枣(那时的重量制是每斤 16 两),却不知道该付多少钱。正好一群书生从那儿经过,老人就扯住他们问。可是,这帮书生竟没有一个人会算。其中一个说:"要算出总价,必须先求出单价。既是 5 个钱 7 两,那么每两的单价就无法算出,所以总价就不好算了。"

朱世杰略作思考,便上前说道:"老人家,这个问题无需求出单价。就是 5 个钱 7 两,1 斤 5 两就是 21 两,相当于 3 个 7 两,所以该付 5 个钱的 3 倍,也就是 15 个钱。"

众人恍然大悟:"好高明的算法!"一阵掌声响起,老人也就高兴地付了 15 个钱。

在另一个地方,有人卖猪肉,要价 8 个钱 1 斤。有人称了 1 斤 3 两,卖肉的要收 10 个钱,却讲不清道理。买肉的认为收多了,也说不明缘由。双方争执不下。朱世杰略作思考后,上前排解道:"8 个钱 1

斤,就是8个钱16两。所以这猪肉每2两值1个钱。你称了他1斤3两肉,应该付9个半钱,他要你付10个钱是多了一点儿,让他补偿你一两肉就是。"一席话说得双方都心悦诚服。

这种事遇得多了,他自言自语地说:"这做生意的,无论是买方或是卖方,总遇到两个棘手的问题,一个是怎么能快速计算总价,另一个是16两制的斤与两如何快速换算。"

两人继续前行,却听到一家书院中传来朗朗的读书声:

人之初,性本善;性相近,习相远;苟不教,性乃迁;教之道,贵以专……

多么悦耳动听的声音,两人不由得止住脚步。又听到:

赵钱孙李,周吴郑王;冯陈褚卫,蒋沈韩杨;朱秦尤许,何吕施张;……

于彩云忽然灵机一动:"先生何不仿照这种读书的方法,也编成一部乘法表和斤两换算的口诀,让人们熟读熟记?"朱世杰一拍脑门:"好啊,这么好的点子,我怎么没有想到? 真谢谢你啊!"

"先生说哪里话? 我也是跟随先生才学得一点点数学呢。"听见朱世杰夸奖,于彩云不好意思地笑了。

几天以后,由朱世杰编订的两类口诀,开始在神州大地广为流传。

一类是九九乘法表:

一一得一,一二得二,一三得三,…,九九八十一。

这一口诀流传了七百多年,直到21世纪的现在,而且还将继续流传下去。

另一类是斤两换算口诀。

斤求两的口诀是:

逢一作一六,逢二作三二,…,九留一四四。

这个口诀的含义是:一斤是十六两,两斤是三十二两,…,九斤是一百四十四两。

两求斤的口诀是:

一退六二五,二一二五,…,十五九三七五。

这个口诀的含义是:1两合0.0625斤,2两合0.125斤,…,15两合 0.9375 斤。

这一类口诀一直沿用到 20 世纪 50 年代（现代由于科学进步，已经基本淘汰）。

5. 有情终成百年好

离开金陵，朱世杰、于彩云二人几乎游遍了大江南北，结识了众多的数学朋友，领会了诸如秦九韶的"大衍求一术"和"杨辉三角"等。两年后二人早已是日久生情，他们共同来到扬州，并着手筹办"松亭书院"时，在朋友们的促成下，选定了吉日良辰举行大婚。

在西子湖边与朱世杰初次相识的李真特地赶来祝福；

杭州陶瓷厂的沈明被邀请前来主婚；

在游历大江南北时两人结识的许多朋友也专程赶来庆贺。

这是一场特殊的婚典。主婚人沈明宣布："朱世杰先生才华横溢，特别是数学出众。他与于彩云小姐是因'数'结缘的，所以今天在场的，都可以以数学或数字为主题考他们夫妇二人，今天，我们首先要三考新郎官。"

沈明说，第一道考题是个诗谜"一诗二表三分鼎，万古千秋五丈原"，打一位历史人物。

朱世杰随口应道："他是三国时期的诸葛亮。"众人叹服。

沈明说，第二道题，请新郎官即兴吟诗一首，诗中要含有从一到十的十个数字。

朱世杰吟道："一去二三里，烟村四五家，亭台六七座，八九十枝花。"大家鼓掌叫好。

沈明的第三道题，要求新郎官讲出十个短语，分别含有一到十的十个数字。

朱世杰略加思索，回答道："一马当先，二龙戏水，三阳开泰，四季如春，五谷丰登，六六大顺，七女思凡，八仙过海，九九归一，十全十美。"

众人拍手叫好道："好啊，这于小姐也是七仙女，下面请新娘也来一首吧！"

沈明知道，这新娘文化浅薄，没有出口成章的本事，就赶紧打圆场:"那就请于姑娘随便讲几句感言吧!"

哪知那于姑娘虽然出身贫寒,但天资聪慧,且又跟随朱世杰游历了那么多地方,其文化水平早已今非昔比。于是落落大方地说道:"当初奴家被人掳到杭州,'十'分危险,几乎是'九'死一生,只怪奴家'八'字不好,被那鸨母打得'七'孔流血,我当时是'六'神无主,'五'内俱焚,'四'肢无力,幸亏我'三'生有幸,得遇朱世杰先生陪我'二'年有余,所以奴家决心已定,此生'一'心一意,嫁朱郎为妻。"说着,那新娘竟哭起来了。一席话说得众人心中像打翻了五味瓶,不是滋味。沈明赶快再打圆场:"今天是大喜日子,以下大家还是多说一些吉利话吧。"

新娘赶紧擦干眼泪:"不碍事,今天奴家是喜极而泣。"

来自两湖的一位朋友给出一个字谜:"黄鹤楼本是楼板修,二十年前焚去了楼,八洞神仙都走了,吕洞宾失去了自由。"

朱世杰想了想,果断回答:"先生此谜的答案应该是个'一'字。"

在座的一些朋友却不明就里,纷纷要求新郎官做解释。

朱世杰道:"在'黄鹤楼'三字中取一个'黄'字,既是'二十年前焚去了楼','黄'字上面的草头就不要了;又说'八洞神仙都走了',再把'黄'字下边的'八'去掉;最后,'吕洞宾失去了自由',在去掉草头和'八'字的基础上,再去掉一个'由'字,那么剩下的,不就是一个'一'字么?"

来自洛阳的朋友先讲了一则故事:"传说炎帝伏羲的小女儿不幸在洛水淹死,化为驻守洛水的女神。每逢盛世到来,她就命手下的神龟驮着一块刻有天书的石头面世。唐武则天时,神龟又出世了,它背着的石头上却是一幅九宫图,下面刻有一首诗:'九宫九宫,从一到九,填入其中;横竖斜数,其和若等,天下大同。'请教朱先生,这九宫图该怎么填呢?"

4	9	2
3	5	7
8	1	6

图 10

朱世杰早就见识过这种"神图",所以他胸有成竹。缓缓说道:"这9个数字之和是45,用3除之,分成的每3个数字之和应该是15。从1到9的9个数字,中间的数为5。根据对称性,九宫格的中心只能填5。于是其他两数之和必定是10。这就有 $1+9,2+8,3+7,4+6$

四种情况,适当搭配,就成为图 10 这种解法。"

客人们的问题远没有截止的势头。于是主婚人沈明赶快将大家打住:"诸位,今天是两位新人大婚的日子,也是朱先生创办'松亭书院'开院的日子。在下贡献一首诗为朱世杰先生画像:

西子湖畔遇知音,智救弱女留美名;堆码见证姻缘好,秦淮河边悟真经;有情终成百年好,从明天起,我们继续——松亭书院聚群英。

"各位的其他数学问题,留待明日以后再继续研讨吧。以下:

"一拜天地,二拜高堂。"

众人注意到,细心的朱世杰早将于彩云的父母亲接了来,正接受新郎新娘的礼拜。

沈明继续吆喝:"夫妻对拜,送入洞房——礼成!"

一阵鞭炮响过,忽见一群孩子在外面齐声喊道:

元朝朱汉卿,教书又育人。救人出苦海,婚姻大事成。

原来,这是朱世杰的好友李真事先编好教孩子们唱的。这一唱不打紧,竟让扬州人唱了将近 800 年。直到今天,不少人还在唱着这首歌谣,津津乐道地讲述朱世杰这些逸闻趣事呢。

几年后,朱世杰在这里先后完成了他的两部巨著《算学启蒙》(1299 年)和《四元玉鉴》(1303 年),这两部巨著标志着当时华夏数学的最高水平,比西方以牛顿、欧拉为代表的类似思想超前了至少 400 年。

13　　　　　　　　韦达的数学魔法

◇ ⋯⋯⋯⋯⋯⋯

弗朗索瓦·韦达1540年出生于法国普瓦图地区,年轻时学习过法律并担任过律师,后从事政治活动,担任过议会议员。他利用业余时间致力于数学研究,其著作涵盖了文艺复兴时期的全部数学内容。在西方,韦达被尊称为"代数学之父",是16世纪法国最杰出的数学家之一。

韦达
(1540—1603)

1. 他用"魔法"大破敌军

1584年至1593年,法国国内爆发了第八次宗教战争,西班牙军队趁机参与干涉。1589年亨利四世成为法国国王,亨利四世连续在军事上取得胜利,但法国仍残留着许多在混战之中攻入法国的西班牙特务。

西班牙军队用非常复杂的密码和法国国内的特务联系。一天,法军截获了一些密件,却无法破译。聪明的亨利四世想到了韦达,让他担任自己的军事顾问,主要负责对西班牙军队密件的研究。

韦达利用独特的数学方法找出了密码的变化规律,并将其破译。从此,法军对西班牙的军事动态了如指掌,并顺利在法国国内抓获一批重要特务。以后,法军在军事上先发制人,不到两年就战胜了西班牙。

西班牙国王菲力普三世对法国人在战争中的"未卜先知"十分恼火又无法理解,坚信他们的密码不可能被破译,而认为法国采用了魔法,违反了基督教的信仰,于是向教皇提出控告。

西班牙的宗教裁判所宣布韦达背叛了上帝,在韦达缺席的情况下,判决韦达处以焚烧致死的极刑。当然,这种可笑的野蛮裁决不可能实现。

2. 他将"魔法"升华为代数

韦达在破解西班牙密码中大受启发。他想,密码就是事先约定好的一套符号,只有有关系的人才明其意。所以用这种符号来传递消息就十分安全。同样在数学中,如果用特定的符号表示特定的意义,这样写起来方便,看起来也简单。

1591 年,韦达出版了《分析方法入门》,它被认为是符号代数的最早著作。他用字母来代替方程中未知数的数字系数,以研究方程的普遍规律。比如一次方程的普遍形式是 $ax + b = 0 (a \neq 0)$。

韦达称这种用符号进行的运算为"类的运算",以区别于用于确定数目的"数的运算",这就揭示了代数和算术的根本区别。韦达对符号意义的认识是数学思想上的重大突破,以后再经过笛卡儿等人的改进,便成为现代代数的形式。

德国著名数学家克莱茵指出:"代数学上的进步是引进了较好的符号体系,这对它本身和分析的发展比 16 世纪技术上的进步更为重要。事实上,采取了这一步,才使代数有可能成为一门科学。"

3. 他用"魔法"玩转代数方程

时光回到 1554 年,韦达还在中学念书。一次,老师让同学们解方程:$x^2 - 6x + 8 = 0$。

多数同学的解法是:配方得 $(x - 3)^2 = 1$,然后解得 $x_1 = 2, x_2 = 4$。

不过老师很不满意,他批评说:"你们的速度太慢,需要加强练习。"

课后,多数同学只加强量的练习以提高熟练程度,只有韦达在探索更巧妙的解法。

他想,既然$(x-2)(x-4)=x^2-6x+8$,那么反过来必有$x^2-6x+8=(x-2)(x-4)$。

一般地,既然$(x-m)(x-n)=x^2-(m+n)x+mn$,那么反过来必有$x^2-(m+n)x+mn=(x-m)(x-n)$。

这样,韦达得到了一个普遍结论:设一元二次方程$x^2+px+q=0$$(\Delta=p^2-4q\geqslant0)$的两个根为$x_1,x_2$,那么

$$x_1+x_2=-p,x_1x_2=q。$$

这就是一元二次方程根与系数的关系,被称为关于一元二次方程的韦达定理。其一般的形式是:

设一元二次方程$ax^2+bx+c=0(a\neq0$且$\Delta=b^2-4ac\geqslant0)$的两个根为$x_1,x_2$,那么

$$x_1+x_2=-\frac{b}{a},x_1x_2=\frac{c}{a}。$$

公元3世纪时,我国的数学家赵君卿在为《周髀算经》写的注文中也有类似的论述。他在《勾股圆方图注》中指出:"将矩形长与宽之和的平方减去面积的4倍然后开方,即得长与宽的差值$\left(x_1-x_2=\sqrt{(2c)^2-4a^2}\right)$。再将所得结果加上长与宽之和再除以2,即得到长或宽之长$\left(x_1=\dfrac{2c+\sqrt{(2c)^2-4a^2}}{2}\right)$。"其实这就是求二次方程$x^2-2cx+a^2=0$的根,与韦达定理的意义一样。

韦达定理还能推广到高次方程。

在欧洲,1545年卡当在其所著《重要的艺术》中,首次指出在$x^3+px^2+qx+r=0$中,

$$x_1+x_2+x_3=-p,x_1x_2+x_1x_3+x_2x_3=q,x_1x_2x_3=-r。$$

15世纪初,欧洲各国数学家热衷于研究高次方程的解法,韦达更将以上原理推到最高峰。他首先考虑$(x-x_1)(x-x_2)\cdots(x-x_n)$的展开式:

$x^n-(x_1+x_2+\cdots+x_n)x^{n-1}+(x_1x_2+x_1x_3+\cdots+x_1x_n+x_2x_3+\cdots+x_{n-1}x_n)x^{n-2}-\cdots+(-1)^nx_1x_2\cdots x_n$,于是他得到了一元$n$次方程的普

遍性结论:

设一元 n 次方程 $x^n + p_1 x^{n-1} + p_2 x^{n-2} + \cdots + p_{n-1} x + p_n = 0$ 存在 n 个根(当时要求正根),分别为 $x_1, x_2, \cdots, x_n$,则根与系数的关系为:

$$x_1 + x_2 + \cdots + x_n = -p_1, x_1 x_2 + x_1 x_3 + \cdots + x_1 x_n + x_2 x_3 + \cdots + x_{n-1} x_n = p_2, \cdots, x_1 x_2 \cdots x_n = (-1)^n p_n。$$

这就是一般形式下的韦达定理。

历史是有趣的,韦达在 16 世纪得出的这个定理,却需要依靠代数基本定理去证明(即实系数的一元 n 次方程一定有 n 个根),而这个基本定理直到 1799 年才由高斯首次做出实质性的论证。

所以韦达试图将方程 $x^n + p_1 x^{n-1} + p_2 x^{n-2} + \cdots + p_{n-1} x + p_n = 0$ 整理成 $(x - x_1)(x - x_2) \cdots (x - x_n) = 0$ 的形式没有成功。但韦达利用变换给出了一元三次方程及四次方程的解法。以上这些内容,后来都被他收录到他的另一代数著作《论方程的识别与订正》中。

4. 交流"魔法"传佳话

16 世纪,比利时著名的数学家罗门提出了如下一个 45 次方程, $45y - 3795y^3 + 95634y^5 - \cdots + 945y^{41} - 45y^{43} + y^{45} = c$。

罗门以此向全世界的数学家提出挑战,征求解答。

当时的法国正忙着宗教战争,致使法国的综合国力遭到了极大的破坏。1593 年,荷兰驻法大使对法国国王亨利四世说,法国人不具备解决这一问题的能力。

亨利四世再次想到并召见了韦达。

韦达看出这个方程与单位圆中心角为 8° 的弧所对的弦有密切关系。于是,运用他的三角学知识,几分钟后就用铅笔写出了一个解。第二天他就找到了该方程的全部 23 个正根。

两年后韦达发表了"回答"一文,答案公布后,全世界数学界为之震惊。

罗门知道了韦达的方法后,大为佩服,骑着牲口亲自从比利时长途跋涉到法国拜访韦达。

古希腊著名数学家阿波罗尼奥斯曾提出了一个尺规作图的问题:"作一个圆与已知三个圆相切。"由于这个问题非常难,数学界以此代称为"阿波罗尼奥斯相切问题"。阿波罗尼奥斯的原著已失传，解法也无从知晓。

韦达与罗门在切磋阿波罗尼奥斯问题时，罗门苦思冥想数日方才解出，最后韦达还帮助罗门化简了这一问题的求解方法。

两人都大有相见恨晚之感！

以后，数学家笛卡儿继承了韦达用代数方法解决几何问题的思想，并发展成为解析几何学。

14 坐标法的奠基人——笛卡儿

◇ ·················

在古今中外的所有数学家中唯有笛卡儿受到恩格斯的极高评价,他说:"数学中的转折点是笛卡儿的变数,有了变数,运动进入了数学,有了变数,辩证法进入了数学,有了变数,微分和积分也就立刻成为必要的了。"

2000多年来,人们一提起几何,就想到欧几里得和他的《几何原本》,以为几何讲的只是直线、三角形、正方体等形体方面的知识,以为学习几何就是培养和运用空间想象的能力。

笛卡儿
(1596—1650)

笛卡儿的出现改变了人们对几何认识的局限性,他将代数与几何联系起来,创立了解析几何,从而使几何问题代数化,实现了数学史上的伟大革命。

笛卡儿于1596年3月31日生于法国拉埃耶一个贵族家庭,在他1岁多时母亲患肺结核去世,他也受到了传染,因而造成他一生体弱多病。但由于其父关照,他从小依然受到了良好的教育。

1. 曾经年少也轻狂 浪子回头金不换

17世纪的法国贵族生活糜烂,赌博成风。作为贵族子弟的笛卡儿多少也沾染了一些恶习。这不,他又和几个轻浮的贵族子弟一起在巴黎住了下来,称兄道弟,出入赌场。

"兄弟,今天玩得不太痛快,改天我带大家去一家新开的赌坊,那里的人们才更有情趣呢。我们一起去见识见识!"有人醉醺醺地拍着笛卡儿的肩膀说。

"好啊好啊,到时一定要多带些钱,玩得尽兴一些!"几位同伴附和道。

幸运的是仅过了一年,笛卡儿就厌倦了这种整天无所事事精神空虚的生活,决定远离这些同伴,在郊区自己租了一间房子,潜心学习。

不想他过去这些玩伴,竟像幽灵一般又重新找到他,并奚落他:"笛卡儿,你不是我们的对手,输怕了吧?"

"如果你的钱已经输光了,我可以借给你啊,是不是连利息也付不起啊,哈哈。"

笛卡儿对这些"朋友"的冷嘲热讽嗤之以鼻,为彻底躲避他们,开始了他的军旅生涯并担任了一名军官。

1618 年的一天,22 岁的笛卡儿在荷兰的希雷达城里散步,他看到城门边站着许多人在议论着什么,好奇心驱使这位年轻人走了过去,由于他不识荷兰文,只好询问身边的人:"到底是怎么回事?"

"有人在征解几个数学问题,如果答对了会有不错的奖赏哟。"几个热心的人说道。

"到底是什么问题呢?"笛卡儿接着问。

"算了吧,今天就有好几个人问过我们了,看样子你也是贵族出身吧,那些奖赏对你也没有什么用处,何况这么难的题目,你能做得出来吗?"

"不要打击别人的积极性呀,你们怎么就知道他做不出来呢? 我来帮你翻译吧……"笛卡儿意外地得到著名学者贝克曼的帮助,这次相会改变了他的一生。从此,他第一次对数学产生了兴趣。

两天后,当笛卡儿把这几个题目的答案交给贝克曼时,立刻得到他的认同,他们共同切磋,一起研究,成为要好的朋友。以后贝克曼也一直与笛卡儿保持着密切的联系,随时对他的研究作一些指导。

2. 蜘蛛"表演"本无意 学者明理实有心

从此笛卡儿在闲暇时,总思考一些数学题。但有一个问题始终困扰着他:几何图形直观,而代数方程抽象,能不能将几何图形与代数方程结合起来,使得组成几何图形的点能够用满足方程的"数"表示?

一天,生病卧床的他突然看见屋顶角上的一只蜘蛛,拉着丝垂了下来,一会儿工夫,蜘蛛又顺着丝爬上去,在上边左右拉丝。

蜘蛛的"表演"使笛卡儿的思路豁然开朗。他想,蜘蛛可以在网上左右上下移动,若一个飞虫飞到了网上,如右图中点 P,蜘蛛怎么确定它的位置呢?

睡梦中的笛卡儿还在思考这个问题:蜘蛛的网线有从里到外的环线,也有自中心发出的射线,若以射线 m 为第一条射线,顺时针方向的射线依次为第二条,第三条,…,那么点 P 就是第三条环线与第二条射线的交点,可以用(3,2)来表示。

为了在一般的平面内表示点的位置,笛卡儿作了两条互相垂直的直线,则一组数(x,y)可以表示平面上的一个点,同样平面上的一个点也可以用一组两个有顺序的数来表示。这就是坐标系的雏形。

事实上,这种表示方法还可以用到地理上:一条东西向的纬度线和一条南北向的经度线的交点,就能够唯一确定地球表面上任意一个点的位置。

3. 罗马教皇判错案 虔诚教徒心纠结

1628 年,32 岁的笛卡儿结束了他的军旅生活。一次晚会中他对红衣主教德贝律尔讲述了他的新哲学。德贝律尔被深深打动了,认为笛卡儿应该将他的哲学和其他科学知识分享给别人,于是劝说笛卡儿发表他的学说:"与世人分享你的发现是你对上帝应负的责任,否则等待你的将会是地狱之火,至少也会失去去天堂的机会。"

作为一个虔诚的天主教徒,笛卡儿无法拒绝他的要求,于是他决定出版自己的著作。

然而在 1633 年,当笛卡儿的《论世界》快要完稿时,他听到一个噩耗:年已古稀的伽利略被送上宗教法庭,被迫放弃了哥白尼的日心说。

这对笛卡儿来说是一个很大的打击,笛卡儿一方面深信哥白尼体系的正确性,另一方面又是一个虔诚的天主教徒,确信罗马教皇绝对没有错误。他经受着精神上的折磨,最终笛卡儿决定将著作《论世界》及其他作品在死后出版。

在给好友的信中笛卡儿说:"这个事件(伽利略被判)使我大为震惊,以致我几乎决定把我的全部手稿都烧掉,或者不拿给任何人看……我承认,如果(地球是动的)是错误的话,那么我的哲学的全部基础也都是错误的,因为这些基础显然都是由它证明的,而且它和我的论文(《论世界》)是紧密相连的,去掉它则其余部分都将不成体统了。"

于是在德贝律尔等好友的轮番劝说下,身心受到严重创伤的他终于在 1634 年发表了《论世界》,之后又在 1637 年 6 月 8 日出版了《关于科学中正确运用理性和追求真理的方法论的谈话》(即《方法论》),1644 年更发表了《哲学原理》。

4.《方法论》里说方法 "几何学"中论几何

《方法论》中有一篇约占 100 页的附录《几何学》。它的发表使人们对欧氏几何的研究进入到一个新的阶段,标志着几何学的新生。《几何学》共分三卷:

第一卷,笛卡儿用平面上的一点到两条固定直线的距离来确定点的位置,进而创立了解析几何学,表明了几何问题可以归结为代数形式并通过代数变换来解决,这就是解析法或坐标法。

例如:平面上的一条直线可以用一个一次方程 $y = kx + b$ 来表示,而要判断两条直线是否平行,就只需考察表示两条直线方程所组成的方程组 $\begin{cases} y = k_1 x + b_1, \\ y = k_2 x + b_2 \end{cases}$ 是否有解,无解表示它们平行,有解表示它们相交。

第二卷,笛卡儿构造了一个斜坐标系(即 x 轴,y 轴不垂直相交的坐标系)。指出该平面上任一点的位置仍然可以用(x,y)唯一地确定。所以方程的次数与坐标系的选择无关,因此可以根据方程的次数将曲线分类。

第三卷,笛卡儿研究了方程的根的问题,同时还改进了韦达创造的符号系统,用 a,b,c,$\cdots$ 表示已知量,用 x,y,z,$\cdots$ 表示未知量。

解析几何的出现,改变了自古希腊以来代数和几何分离的趋势,把相互对立着的"数"与"形"统一了起来,实现了几何问题的代数化,从而将几何问题转化成了一个纯粹的方程或不等式问题。

解析几何的出现,又使几何定理的机器证明成为可能。值得指出的是我国数学家吴文俊在这方面一直走在世界的前列。

5. 女王强聘笛卡儿　科学巨星早陨落

1646 年,笛卡儿在荷兰过着隐居的生活,同时与欧洲的学者保持着密切的通信往来,他沉浸在他的数学与哲学之中,过着安宁与舒适的日子。然而不幸的是瑞典的克里斯蒂娜女王不仅知道他,还想聘请他为私人教师,以便更好地理解他的著作。在海军上将弗莱明的安排并促成下,女王这个愿望在三年后终于实现。

女王不经笛卡儿的同意就将哲学课的上课时间定为清晨 5 点,这对身体本就十分瘦弱的笛卡儿来说是致命的摧残,不久笛卡儿染上了严重的肺炎,可怜的学者只做了女王不到 5 个月的私人教师,1650 年 2 月 11 日,这位优秀的哲学家、物理学家和数学家过早地离开了人世。

15　　会玩数学的律师

◇ ⋯⋯⋯⋯

　　他是 17 世纪法国的律师,数学是他的业余爱好。他被著名的数学史学家贝尔称为"业余数学家之王",他对物理学,特别是光学也做出了重大的贡献。他就是皮耶·德·费马。

　　1601 年 8 月 17 日费马出生于法国南部,优越的家境使他在 1631 年大学毕业后顺利地当上了令人羡慕的律师和议员。

　　费马通晓多国语言,这使他有能力与同时代的所有欧洲大数学家通信并讨论数学问题。曾经有一段时间,费马是欧洲所有数学研究、进展的信息交换中心。虽年近三十才开始投入数学研究,但成果累累。

费马
(1601—1665)

　　1621 年,古希腊数学家丢番图所写的《算术》一书在西方重新出版,费马对数论的研究有许多地方得益于《算术》一书。

1. 他从勾股形式出发,玩出了"费马大定理"

　　《算术》卷 Ⅱ 丢番图问题 8 为:"给定一个平方数,将其写成其他两个平方数之和。"这句话的含义是:$z^2 = x^2 + y^2$,这正是勾股定理的表述形式,而且它一定有有理数解:$x = 2mn, y = m^2 - n^2, z = m^2 + n^2$。

1000多年来,无数数学家都对这种勾股形式进行了孜孜不倦的研究而且成果颇丰。可是没有人想到,如果 $z^n = x^n + y^n$,当 $n \neq 2$ 时又将如何。会"玩"数学的费马立即想到了这个问题。他断言:若 n 是大于2的自然数,则方程 $x^n + y^n = z^n$ 不存在有理数解。这就是后人所说的费马大定理。

对于这个推测,费马本人说他已经找到了一种"美妙的"证明方法,仅仅因为原书中的"空白太小无法写下来"。这句话却给世人留下永远的谜,据说一百年后欧拉还派人到费马故居去翻了一通,希望能找到他可能遗留的手稿,可是却无功而返。

对于费马大定理的证明,巴黎科学院曾先后两次提供奖章和奖金,计划奖励证明解答者,布鲁塞尔科学院也悬赏重金,但都无结果。

1908年,德国数学家佛尔夫斯克尔逝世的时候,将他的10万马克赠给了德国哥庭根科学会,作为费马大定理的解答奖金。哥庭根科学会宣布,奖金在100年内有效,但哥庭根科学会不负责审查稿件。10万马克在当时是一笔很大的财富,而费马大定理又是小学生都能听懂的问题。于是,除了数学家,就连很多工程师、牧师、教师、学生、银行职员、政府官吏和一般市民,都在钻研这个问题。在很短时间内,各种刊物公布的证明就有上千种之多。

当时,德国有个名叫《数学和物理文献实录》的杂志,自愿对费马大定理的证明进行鉴定,到1911年年初为止,共审查了111个"证明",全都是错的。后来实在受不了沉重的审稿负担,于是宣布停止这一审查鉴定工作。两次世界大战后德国的货币大幅度贬值,当初的10万马克已无多大价值了,但是热爱科学的人对费马大定理的证明浪潮仍汹涌澎湃。

三个多世纪以来,一代又一代的数学家们为之奋斗,却壮志未酬。美国普林斯顿大学的安德鲁·怀尔斯教授经过8年的孤军奋战,直到1995年才用130页长的篇幅完整地证明了费马大定理。怀尔斯因证明了费马大定理而闻名天下,成为整个数学界的英雄。

2. 从毕氏的一句话出发,他"玩"出了著名的"亲和数"

毕达哥拉斯曾说:"朋友之间要像220和284一样亲密,就像这两个数,你中有我,我中有你。"

这句话是什么意思呢? 注意到 220 的所有真因数是 1,2,4,5,10,11,20,22,44,55,110,它们的和是 284;反之,284 的所有真因数是 1,2,4,71,142,它们的和又是 220。

一般地说:如果两个数 a 和 b,a 的所有真因数之和等于 b,b 的所有真因数之和等于 a,则称 a,b 是一对亲和数。

从此,人们把 220 和 284 叫做"亲和数"或者叫"情侣数"或者叫"相亲数"或者叫"朋友数"等。

可是,除 220 与 284 以外,还有哪些数是"亲和数"呢?

世界上无数数学家曾致力于寻找新的亲和数。可面对茫茫数海,这犹如大海捞针,有些人甚至耗尽毕生心血,依然没有任何收获。

风雨飘摇了 1500 年,酷爱数学的伊拉克哲学家、医学家、天文学家和物理学家泰比特·依本库拉终于在公元 9 世纪提出了一个求亲和数的公式,可惜他的公式比较繁杂,无法实际操作,再加上难以辨别真假,数学家们仍然没有找到第二对亲和数。

16 世纪,很多人认为自然数里仅有一对亲和数 220 与 284。于是,有人给亲和数抹上迷信色彩以增添神秘感,编出了许多神话故事,还宣传这对亲和数在魔术、法术、占星术和占卦上都有重要作用,等等。

1636 年,费马凭借着他的才智与毅力,终于在茫茫数海捞到了"一枚金针"——第二对亲和数:17296 和 18416。第二对亲和数的发现重新点燃了寻找亲和数的火炬。两年后,法国"解析几何之父"笛卡儿于 1638 年 3 月 31 日也宣布找到了第三对亲和数 9437056 和 9363584。

费马和笛卡儿,以极顽强的精神,坚持不懈,进行了大量冗长乏味的计算,终于跨出了极为重要的一大步,在两年的时间内,他俩打破了 2000 多年亲和数的沉寂,给世界数坛投下了两颗不大不小的"石头",激起了数学界重新寻找亲和数的浪潮。

随后许多数学家纷纷加入寻找新的亲和数的行列,他们穷思苦想、绞尽脑汁企图用灵感与枯燥的计算发现新大陆,可是在 17 世纪以后的岁月再也没找到第四对亲和数,数学家才省悟到恐怕很难再出现法国人的辉煌了。

直到 100 多年之后的 1747 年,年仅 39 岁的瑞士著名应用数学大师、博学多产的欧拉揭开了亲和数的新篇章。

3. 虽然"玩"中出现失误,他依然伟大

费马的第三个成功,是"玩"出了"费马数"。

几千年以来,数学家们都试图给出素数的通项公式,却发现如何形成与判断一个素数也是数学界的一个最大难题。鉴于素数的分布难觅其规律性,数学家采取了决定性的步骤,只希望寻找简单的算术公式以产生素数(即使不是全部)。费马数正是这个时代的产物。

1640 年,费马在给梅森的一封信中写道:"我已发现了形如 $2^{2^n}+1$ 的数永远是质数。"这里所提到的"形如 $2^{2^n}+1$(n 是自然数)的数"就是后来人们所称的费马数,其中第 n 个费马数可以表示成 $F_n=2^{2^n}+1$。

费马经过计算,注意到 $F_0=2^{2^0}+1=2+1=3$;$F_1=2^{2^1}+1=4+1=5$;$F_2=2^{2^2}+1=16+1=17$;$F_3=2^{2^3}+1=256+1=257$;$F_4=2^{2^4}+1=65536+1=65537$,这些数全是素数。以下的计算越来越困难,而判断其是否是素数则更加困难。结果,他犯了一个"伟大的"错误,武断地作出了"一切形如 $2^{2^n}+1$ 的数永远是质数"的论断。

这个错误之所以"伟大",是因为证明它是否正确不容易,而找出一个推翻它的反例同样也不容易。例如进一步计算得到的 $F_5=4294967297$ 已经是一个十位数了,人们很难判断它到底是不是素数。

所以在费马这个论断面世后的近 100 年时间内,人们既无法证明它,也无法推翻它。

1729 年 12 月 1 日,哥德巴赫(哥德巴赫猜想的提出者)在写给欧拉的一封信中问道:"费马认为所有形如 $2^{2^n}+1$ 的数都是质数,你知道这个问题吗?他说他没能作出证明。据我所知,也没有其他任何人对这个问题作出过证明。"

这个问题吸引了欧拉。1732 年,年仅 25 岁的欧拉首先推翻了费马的结论:$F_5=4294967297=641\times6700417$ 不是素数。

在对费马数的研究上,费马这位伟大的数论天才过分看重自己的直觉,轻率地作出了他一生唯一的一次错误猜测。对于从 5 至 16 的所有 n 值,现在都已经证明 F_n 皆是合数。从 300 多年寻找费马素数的历史看,许多人猜测可能不再有新的费马素数,是否如此,还有待于数学家的继续研究。

费马的"伟大"错误又催生出另一个让无数数学家为之魂牵梦萦的课题:将已知为合数的费马数进行因数分解却是非常之难,几乎达到"难解难分"的地步。由于大整数的因数分解的计算量非常大,即使借助于当今世界上最先进、最高速的计算机,也只能分解 100 位以下的大整数,所以至今数学家们能分解的费马数也只是很有限的几个。

关于费马数的故事并不止如此。1801 年,被誉为"数学王子"的德国数学家高斯在数论划时代的著作《算术研究》中证明了:当且仅当 n 是一个费马素数或是若干个不同的费马素数的乘积时,正 n 边形才能用尺规作图。高斯本人就根据这个定理作出了正十七边形。令人意外的是费马数与平面几何的一些问题居然有联系。

费马数还有许多美丽的性质给人以无限情趣。亲爱的读者你敢面对费马数的挑战么?!

4. 在"玩"同余式中,他发现了"费马小定理"

我们知道:如果 x 和 a 除以 b 的余数相同,则称 x 与 a 对模 b 同余,记作 $x \equiv a \pmod b$。例如 11 和 5 除以 3 的余数都是 2,就记作 $11 \equiv 5 \pmod 3$。

1636 年费马提出:如果 p 是一个素数,a 是正整数,那么 $a^p \equiv a \pmod p$,这就是费马小定理。

例如,对于正整数 5,素数 3,$5^3 (= 125)$ 与 5,除以 3 的余数都是 2。也就是 $5^3 \equiv 5 \pmod 3$。

1640 年 10 月 18 日在费马给他朋友德贝西的信中第一次提出了上述定理。信中费马还提出 a 必须是质数,事实上 a 是正整数都可以。

费马小定理在初等数论中有着非常广泛和重要的应用,与威尔逊定理、数论中的欧拉定理、中国剩余定理等被称为数论四大定理。

费马对数论还有许多贡献,当之无愧成了 17 世纪对数论贡献最大的数学家。

5. 性格谦和,高风亮节的"玩"家

费马为人谦恭,尊重朋友,甘为人梯。最典型的事例有三:

(1)待笛卡儿,他以德报怨

费马与笛卡儿同为解析几何的创始人。1629 年以前,费马就开始了对古希腊的几何学的研究,他力图将公元前 3 世纪阿波罗尼奥斯失传的《平面轨迹》一书进行重写及补充,尤其是对阿波罗尼奥斯圆锥曲线论进行了总结和整理,对曲线作了一般研究,写下了仅 8 页的论文《平面和立体的轨迹引论》,但是,这本书直到 1679 年才出版。

费马于 1636 年与当时的大数学家梅森、罗贝瓦尔开始通信,对自己的数学研究略有言及。在 1679 年以前,很少人了解到费马的研究成果,事实上,费马的研究是具有开创性的。《平面与立体轨迹引论》中道出了研究曲线问题的普通方法。费马比笛卡儿发现解析几何的基本原理还早七年。

在 1643 年的一封信里,费马也谈到了解析几何思想,更是谈到了空间解析几何。

在笛卡儿的《几何学》出版之际,费马曾对书中的曲线分类理论提出异议,并指出书中不应该删去极大值和极小值,曲线的切线,以及立体轨迹的作图法。他认为这些内容是所有几何学家必须重视的。

笛卡儿评价费马时毫不客气,他说费马几乎没有做什么,至多是做了一些不费力气不需要预备知识就能得到的东西,并讽刺费马为我们的极大和极小大臣,因为费马非常善于运用极大和极小方法。

但在 1660 年,费马在他的一篇文章里,既开诚布公地指出笛卡儿《几何学》中的一个错误,又诚挚地说出,他很佩服笛卡儿的天才,即使笛卡儿有错误,他的工作也比别人没有错误的工作更有价值。

费马和笛卡儿研究解析几何的方法恰好相反:费马主要是继承了希腊数学家的思想,从方程出发来研究轨迹的;笛卡儿则是从批判

希腊的传统出发,从一个轨迹来寻找它的方程的。这正是解析几何基本原则的两个相对的方面。从历史的发展看,后者的方法更具一般性,也适用于更广泛的超越曲线,但我们却不得不佩服费马用与常人不一样的角度来思考问题。

(2)对牛顿等后来者,他甘为人梯

众所周知,牛顿和莱布尼茨是微积分的缔造者。

关于微积分方法的创立,牛顿曾经说过:"我从费马的切线作法中得到了这个方法的启示,我推广了它,把它直接地并且反过来应用于抽象的方程。"牛顿常说他是站在巨人的肩上,十分明确费马本身就是牛顿脚下的一位巨人。

对光学的研究特别是透镜的设计,促使费马探求曲线的切线。费马把数学和物理结合在一起研究的这种做法给他带来极大的好处:第一,他模糊地知道曲线运动时瞬间运动是沿切线运动,第二,他知道光在曲面上反射时入射角、反射角要运用切线。

在牛顿出世前整整 13 年,在莱布尼茨呱呱坠地前 17 年,费马已经形成和应用了微积分的主要概念和方法。他在 1629 年就找到了求函数最大最小值和求曲线的切线的方法,也就是微分学的方法,这一结论在经过 8 年后,才发表在《求最大值和最小值的方法》一文之中。

费马建立了求切线、求极大值和极小值以及定积分方法,为微积分概念的引出提供了与现代形式最接近的启示,因此,不可否认费马是微积分学的先驱者之一。和牛顿相比费马仅没有清晰得到极限概念,没有得出导数即切线斜率的结论,因此与微积分的发明失之交臂。

(3)与帕斯卡精诚合作开创了概率论

概率论是费马与帕斯卡最早关注,后来才蓬勃发展起来的,而促使他们进行这一探索的是来自一个赌博者的请求。1654 年,法国赌徒梅勒和他的一个朋友每人出 30 个金币,两人谁先赢满 3 局谁就得到全部赌注。在游戏进行了一会儿后,梅勒赢了 2 局,他的朋友赢了 1 局。这时候,梅勒由于一个紧急事情必须离开,游戏不得不停止。他们该如何分配赌桌上的 60 个金币的赌注呢?

梅勒把这个问题告诉了帕斯卡,帕斯卡一时也没给出好的分配方法,帕斯卡又写信给费马,于是两位伟大的法国数学家之间开始了具有划时代意义的通信,他们两人都对这个问题得出了正确的答案,但所用的方法不同。这个问题后来被称为"赌点问题"。

费马对胜负组合的结果进行研究,他考虑到对梅勒来说,剩余两次赌博可能的结局有 $2 \times 2 = 4$ 种,分别为(胜,胜)、(胜,负)、(负,胜)、(负,负),除了一种结局即两次赌博都让对手赢以外,其余情况都是梅勒获胜。因此得出使梅勒赢得 $\frac{3}{4}$ 赌金,也就是 45 个金币的结论。

帕斯卡则从计算方法角度进行研究,他考虑两个人的比分是2:1,再掷一次,如果梅勒赢了,他将获得全部 60 枚金币,如果第二个人赢了,两个人的比分就是 2:2,则梅勒应该拿回自己的 32 个金币,所以这时如果停止比赛,由于两人输赢的概率均为 $\frac{1}{2}$,梅勒应该得的金币数为 $60 \times \frac{1}{2} + 30 \times \frac{1}{2} = 45$。

关于概率论的研究就是这样开始的,"赌点问题"成为了概率论的起始标志。他和帕斯卡合作解决了"赌点问题"的这一事件被伊夫斯称为"数学史上的一个里程碑"。

费马"玩"数学,涉及的领域很广,而且总能够玩出让人刮目相看,甚至让人如痴如醉的效果。他对数学的贡献涵盖数论、解析几何、微积分和概率论。但是他生前极少发表自己的论著,即使发表文章也总是隐姓埋名,没有出版过一部完整的专著。他的许多论述都遗留在故居纸堆里或阅读过的书的空白处,无从考查书写的年月;此外,他与同时代几乎所有知名数学家都有书信往来,所以也有许多重要论述保留在他与朋友们的书信中。

直到 1665 年 1 月 13 日费马逝世,他的长子克莱曼特·萨摩尔当上了律师,继承了费马的公职,才积极将费马的笔记、批注及书信整理成数学论著出版,让费马的许多研究成果得以问世,为数学界保留了这份罕见的可贵遗产。

16　自学成才的数理大师帕斯卡

◇……………

　　他从小身体瘦弱,一生只度过 39 个春秋,可是他在数学和物理方面的贡献颇多;他酷爱科学,仅靠父亲有限的帮助就自学成才。他就是众所周知的"帕斯卡定律"和"帕斯卡三角"的发现者——帕斯卡。

帕斯卡
(1623—1662)

1. 相识几何学

帕斯卡于 1623 年生于法国奥弗涅的克莱蒙,父亲艾蒂安·帕斯卡曾在当地任法官,对数学颇有研究,母亲在他 4 岁时就去世了。他一生没有去过正式的学校,最初受到的教育大多是通过他有文化有眼光的父亲得到的。

帕斯卡从小身体瘦弱,父亲认为他学数学会有损健康,因而给他下了禁令:15 岁前不准接触数学,还收起家中的全部数学书籍。可还是未能阻止他去学习数学。

一天,12 岁的帕斯卡看到父亲在读几何书,就问父亲:"什么是几何?"父亲为了打消他对几何的兴趣,就敷衍道:"几何就是在教人在纸上画图时能作出正确、美观的图。"

几天后,父亲看到小帕斯卡总是在摆弄一些三角形纸片,便好奇地问道:"你在干什么呀?"

帕斯卡高兴地对父亲说:"我发现每个三角形的内角和都是 180 度。"

"是的,可你是怎么发现的?"父亲惊奇地问道。

"我首先量了几个特殊三角形,发现内角和是 180 度。但这并不能说明所有的三角形内角和都是 180 度。"帕斯卡边说边随手拿起一个三角形纸片,对折起来(如图 1)。其中折线 DE 是中位线,折线 DF,EH 与 BC 垂直。他继续说道:"对折后可以看到,$\angle A = \angle DME$,$\angle B = \angle DMF$,$\angle C = \angle EMH$,三个角正好构成一个平角,所以三个角的和是 180 度。"

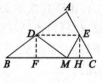

图 1

这种奇妙证法使父亲感到吃惊。他重重表扬儿子:"太棒了,你这种折纸证法真是又简单又直观啊!"

从此,父亲放开了对他的禁令,还经常带他去参加梅森主持的科学讨论会。为了奖励帕斯卡对三角形内角和定理的证明,父亲奖给他一本欧几里得的《几何原本》,帕斯卡像做游戏一样很快研究了这本书,并给出了其中一些命题的证明。

2. 结怨笛卡儿

1639 年的一天,17 岁的帕斯卡在参加科学讨论会时,给出了一个几何中最美妙的定理:圆锥曲线(注:圆锥曲线指的是圆、椭圆、双曲线和抛物线)的内接六边形 $ABCDEF$ 三组对边 AB 与 DE,BC 与 EF,CD 与 AF 的三个交点 M,N,P 一定共线。

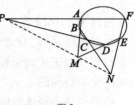

图 2

这条直线就是"帕斯卡线"(椭圆中的"帕斯卡线"如图 2 所示)。

笛卡儿从梅森科学会获知这一信息,便专门访问了帕斯卡,但访问并不成功。首先,两人的宗教信仰不同,笛卡儿信奉耶稣,对耶稣教会充满热爱之情,但帕斯卡却仇恨耶稣会会士;其次,笛卡儿不相信一个 17 岁的孩子能够有如此重大的发现,因为笛卡儿曾与梅森通信讨论同类问题,所以断定是帕斯卡剽窃了他的成果;最后,笛卡儿认为帕斯卡所说的存在真空简直是胡说八道,而帕斯卡又觉得笛卡儿的解析几何只是花哨的东西,实用性不强。双方互不相让,而且互相嫉妒。

由于这次不太成功的访问,帕斯卡似乎拒绝了笛卡儿的一切建议,包括对他的身体调养的一些好的建议,而这对帕斯卡来说无疑是不好的,至少从 17 岁至 39 岁,这位早逝的数学家一直是在病痛中度过的。

3. 发明计算机

1641 年帕斯卡举家移居鲁昂,父亲所从事的税务工作计算量很大,常弄得身心疲惫不堪。帕斯卡看在心里,决定做一台机器代替父亲算账。1642 年,18 岁的帕斯卡经过努力终于制作出可以计算加减的加法机。这台机器是通过齿轮的传动原理来实现数的加减运算的,它可以计算到 8 位数字,表示数字的齿轮共 16 个,每个齿轮均分成 10 个齿,每个齿表示 0—9 中的一个数,并按大小排列,这样低位上的齿轮每转动 10 圈就带动高位上的齿轮转动 1 圈,实现了数字的十进位制。

帕斯卡的加法机一经问世就引起了法国科学界的轰动,陆续在法国各地展出。他的发明告诉人们,用一种纯粹机械的运算去代替人们的计算是完全可能的。这之后,帕斯卡共制作了20多台这样的计算机。帕斯卡将其中的一台机器献给了瑞典女王克里斯蒂娜,但女王似乎并没有因此而给他一个合适的职位,所幸的是帕斯卡有父亲丰厚的家产而不必去为工作发愁。

在现在的故宫博物院里有两台铜制的加法机的复制品,据说是法国人在19世纪献给慈禧太后的,可惜无知的太后到死也没有弄明白它该如何使用。

4. 闯入概率论

17世纪中期的法国,上层社会赌博成风。赌徒梅勒向帕斯卡提出一个问题,引发了帕斯卡与费马的多次通信,从而开创了一门新的学科——概率论。(可参看《会玩数学的律师》一文)

在解决与概率有关的问题时,帕斯卡用到了"帕斯卡三角形"(见图3,也叫杨辉三角,约早于欧洲300年)。这是他在1653年发表的《论算术三角形》的论文中给出的。

图3 杨辉三角

这个"三角形"的系数从第二行起依次是二项式 $(a+b)^n$ 展开式中各项的系数(其中 n 为正整数)。

帕斯卡还论述了这个"三角形"的一些性质:(1)左右两侧全是1,其余各数,每一个数是肩上两数之和;(2)第 n 行各数的和为 2^{n-1},例如第4行,$1+3+3+1=8=2^{4-1}$。

5. 名留科学史

帕斯卡还成功解决了摆线有关的许多重要问题,并出版了《摆线论》一书。这本书对莱布尼茨发明微积分有过重大的启发与帮助。

此外,他在其他领域也贡献很多。

在物理学方面,他证明了真空的存在,发现了帕斯卡定律:施加于密闭的液体或气体的压强,能按照原来的大小向各个方向传递。他曾做过一个木桶的实验:在一个木酒桶顶端开一个小口,小口上接一个很长的细铁管,接口密封。实验的时候,酒桶先盛满水,再慢慢往铁管子里倒水,当管子中的水柱高达到几米的时候,木桶突然破裂。

帕斯卡的作品《思想录》和之后的《致外省人书》《辩护基督教》使他跻身于文学家之列,这在数学史上是比较少的,可能也只有之后的罗素能够同时兼任数学家与文学家之职。

《思想录》是帕斯卡 1658 年完成,1670 年首次出版的,该书的主要内容是论证人的伟大与不幸,阐述了人在无限大与无限小两个方面的矛盾,被认为是法国古典散文的奠基之作。

《致外省人书》是为了反对冉森派对耶稣教会的压迫而写的 18 封信,然而本书的意义和影响,更多的是在文学而非宗教方面。它行文简洁、精练、准确,结构严谨而又富有变化。读来富有优美感和新鲜感。

可惜的是,帕斯卡也是一个虔诚的宗教信仰者,尤其信奉与耶稣对立的詹森主义。宗教在他 24 岁以后主宰了他的思想,使得它在创造力正盛时多次放弃了科学研究工作。1662 年,39 岁的帕斯卡因为疾病而英年早逝。

17 是非功过说牛顿

◇·················

牛顿是众所周知的数学家、物理学家和天文学家。但是他并非天才,其成功百分之百的来自辛劳和勤奋。

1. 艰苦奋斗始成才

牛顿是一个早产的遗腹子。1643 年 1 月 4 日出生于英格兰林肯郡的小镇乌尔斯普,出生前 3 个月父亲就去世了。那时他身体虚弱,体重才 3 磅(相当于 1.35 千克),经过母亲和外祖母的悉心照料,他才艰难地活了下来。由

牛顿
(1643—1727)

于家境贫寒,在他 3 岁时,母亲改嫁给一个牧师,8 年后,这个牧师又去世了,他母亲携带着与牧师所生的一子二女回到了他和外祖母身边。

不幸的家世,使得牛顿自幼沉默寡言,性格倔强。由于身体虚弱,他的学习成绩并不好。兼之家境贫寒,一度辍学务农,但他仍然念念不忘学习。家里条件差,就经常在草地上演算数学习题,他舅父发现这种情况后大为感动,于是极力劝说他的母亲,让他重返学校。

那时的英国社会等级现象严重。反映到学校里来,成绩好的学

生,常凭借自己的优越感而随意欺负学习差的同学。复学后的牛顿成绩不好,特别是数学成绩特差,经常受到欺负。在一次课外游戏中,一个比他成绩好的学生借故踢了他一脚,并骂他"笨蛋"。牛顿的心灵受到极大刺激,愤怒却又无法反抗。

从此他痛下决心,勤奋学习,刻苦钻研,不久成绩就超过了那个曾经欺负他的同学,继而在班级名列前茅。于是悟出求学之道:只要刻苦努力,没有克服不了的困难;只有成绩优秀,才能受到同学和老师的尊重。

1661 年即他 18 岁时,他终于考入剑桥大学三一学院当减费生,实现了他的初步理想。1664 年,他获得硕士学位。回首这段经历,他写了一首《三顶冠冕》的诗,表达了他为献身科学的理想而甘愿承受痛苦的态度:

> 我像鄙视脚下的尘土啊,这世俗的冠冕,
>
> 它不过是一场空虚,可十分沉淀;
>
> 我终于获得这顶荆棘冠冕,
>
> 尽管刺得人痛,但还是感到甜蜜;
>
> 光荣之冠已经在我面前呈现,
>
> 它充满着幸福,永恒无边。

2. 赢了科学,输了爱情

1665 年,一场罕见的鼠疫横扫伦敦,据统计至少死了 3 万人。学校被迫停课,他因此回到故乡。

他儿时一位青梅竹马的女友斯托里小姐见他回来,自是兴奋不已,常主动与之幽会。但可惜这时的牛顿正集中全力思考,演算复杂的数学问题,常使斯托里小姐十分扫兴。

一天晚上,困乏的牛顿出外散步,这时一轮明月当空,他惬意地欣赏着家乡夜空的美景。忽然,一个成熟的苹果从树上掉了下来,接着 2 个,3 个……他一共捡得七八个。心想斯托里常带一些鸡蛋、果酱什么的来看他,他也该对人家有所表示啊! 于是大步流星地来到斯托里小姐门前,敲开了她的门。斯托里难得见到牛顿这样的深情,马上约他到屋里去。牛顿却说:"亲爱的,今晚夜色这么美好,我们就

到外面散步如何？"

　　牛顿难得的邀请使得斯托里小姐心花怒放，她想：田野，月光，一对情侣在幽静的树林中毫无拘束地散步，那是何等的甜蜜、浪漫！于是赶紧挽着他的手臂，依偎着出了家门，期盼着享受爱情的甜蜜。

　　不料牛顿望着天上的月亮，第一句话竟是："你说，苹果会从树上掉下来，可是月亮为什么不会从天上掉下来呢？"斯托里感到莫名其妙，没有理他，只是依偎在他的肩头继续散步。

　　"或者反过来，"牛顿继续说，"月亮可以在天上走，这苹果为什么不能在空中飘呢？伽利略不是做过实验，重量不同的物体从空中同时放下，一定会同时落地的么？"

　　他还继续自言自语地讲开普勒、伽利略、哥白尼等人的思想，斯托里一句也听不懂。不过这没有关系，她能够依偎在他身旁，这就足够了。

　　在接着的几天里，牛顿索性闭门不出，一门心思地思考着那个苹果和月亮的问题。

　　首先他假定月球绕地球飞行一圈的周期为 T，地球的半径为 r，那么月球绕地球飞行的速度为 $v_{月} = \dfrac{2\pi r}{T}$，月球的向心加速度 $a_{月} = \dfrac{(v_{月})^2}{r} = \dfrac{4\pi^2 r}{T^2} = 0.0027$ 米/秒²（$T = 27.3$ 天 $= 2.36 \times 10^6$ 秒，$v = 3.8 \times 10^8$ 米），这是天上的规律。再看地上的：地球吸引苹果的加速度就是自由落体加速度 $g = 9.8$ 米/秒²，根据开普勒三定律：两行星间的吸引力与它们距离的平方成反比，那么以下比例式一定成立：$\dfrac{a_{月}}{g} = \dfrac{R^2}{r^2}$（$R$ 是地球半径即苹果到地心的距离；r 是地月距离）。$g = 9.8$，$r = 60R$，所以 $a_{月} = 9.8 \times \left(\dfrac{1}{60}\right)^2 = 0.0027$ 米/秒²。妙极了，从不同的途径推出了一样的结果，这就证明了，天上与地下、苹果与月亮原来是一样啊。

　　（作者注：以上这段话引自梁衡《数理化通俗演义》第124页，严格地说，这个推证是有逻辑问题的：前面已经将空间的开普勒定律用到地面。后面又得出结论"天上与地下一个样"，这实质是说明了

"因为 A，所以 A"。不过这种推理的不完整性，在牛顿的以后研究中得到了纠正。)

问题终于搞清楚了，这天晚上，牛顿睡得特别香甜。

天大亮时，斯托里前来敲门。牛顿一骨碌从床上爬起来，赶紧将斯托里迎了进来："亲爱的，你来了。"

斯托里咯咯地笑道："这是我家才收获的新鲜鸡蛋，我特地收集了 10 个，来与你共吃早餐呢，快去煮鸡蛋吧，我来给你收拾床铺和房间。"

牛顿听命，高兴地去把炉火烧得特旺。不久烧锅外已是雾气腾腾。斯托里赶紧揭开锅盖，却一下子愣住了："亲爱的，难道吃这个吗？"牛顿上前一看："糟了，我怎么把怀表煮了？"

原来，他干的是煮"鸡蛋"的事，思想却还在那个"苹果"和"月亮"上面，心不在焉，焉能不错？ 无奈，斯托里只好重新将鸡蛋煮好，并招呼牛顿；"快来趁热吃吧！"

可是牛顿这时思考的却是"所有物体之间都是有吸引力的，这就是万有引力啊！ 这个问题从哥白尼到伽利略这些伟人们 100 多年都没有解决，我这个才 22 岁的毛头小子怎么不到 3 天的时间就这么顺利地解决了？ 难道这是真的吗？"不久他似乎明白了：那些伟人们研究问题主要通过实验，要知道即使实验 10000 次正确，也不能保证第 10001 次就一定正确啊！ 只有通过数学推理才能够得到一劳永逸的证明。

听到斯托里的呼唤，他似乎又从梦中惊醒，马上走到桌前准备去拿鸡蛋，不想却抓到了他舅父才送给他的一支精美的烟斗，又顺手将斯托里的手指使劲地向烟斗的槽中塞："亲爱的，还是你先吃吧！"

这一莫名其妙的举动痛得斯托里大叫："好痛，你要把我塞死吗？"牛顿再次惊醒了，心想这次可大祸临头了，他赶紧向斯托里道歉，乞求她的原谅。

那一天斯托里过得很不痛快。她倒是原谅了牛顿，可是再也不想继续与他交往了。几天以后，牛顿收到斯托里的一封来信，信中说道："亲爱的，看来我每次的到来，只起到干扰你的作用，所以我们不适合继续交往。不然，你就会像煮那只怀表一样把我也煮熟的。你就全心全意到你的苹果、月亮中去畅游吧，祝你快乐。"

无可奈何的牛顿只好放弃爱情。自嘲地自言自语："这样也好，以后就全心继续我的研究吧。"

牛顿是一个特别谨慎的人。他想到："天上与地下为什么会一个样?"这个问题并没有彻底解决。所以那几天他的重要发现，其实并不完整，有循环论证之嫌。所以又经过几年的研究、补充和充实，直到22年后才正式向外公布。这就是人们今天所知道的牛顿三定律。

一个值得一提的后话是：那个小姑娘斯托里另嫁他人后，生活并不幸福，不几年就离婚了，她再次想到与之青梅竹马的牛顿，于是专程到伦敦去找他。这时牛顿已经是剑桥大学的知名教授，他认为自己已完全献身科学，没有时间去处理个人私事，不能给她幸福，就忍痛拒绝了她，牛顿也因此终生未娶。

3. 在剑桥大学的日子里

那场瘟疫过后，1667年牛顿回到剑桥，勤奋且才华初露的牛顿受到他的导师巴罗的赏识，被重点培养，指导他从研习欧几里得几何学开始，继而研究笛卡儿的解析几何学，开普勒的光学和沃利斯的《无穷算术》等。在此基础上他居然独立地发现了二项式定理[即$(a+b)^n$展开式的规律——编者注]。22岁时发明了正流数术(微分学)，23岁时发明了负流数术(积分学)。4年后，他的老师巴罗教授宣称27岁的牛顿，其学识已经超过自己，推荐牛顿继任"路卡斯数学讲座"的教授，从此他在剑桥大学工作达30年之久。

这一时期牛顿十分谦虚，从不自高自大。曾经有人问牛顿："你获得成功的秘诀是什么?"牛顿回答说："假如我有一点微小成就的话，没有其他秘诀，唯有勤奋而已。"还说："如果说我所看的比笛卡儿更远一点，那是因为我站在巨人肩上的缘故。"

不过，他的另一位长辈胡克(1635—1703)却远没有巴罗那样谦和。相反，他自高自大且常对年轻人进行压制。胡克是当时英国皇家学会的负责人，又是当时物理界赫赫有名的权威、泰斗。一次，比牛顿更年轻的天文学家哈雷向胡克请教彗星轨道的计算方法，胡克居然说："没有问题，这种计算及其原理我早已掌握，但暂时不拿出来,等那些不知天高地厚的人在这个问题上碰得头破血流后,我再拿出来。"虽然胡克说这话时,目光始终盯着牛顿,可是哈雷依然感受到了极大的羞辱。他转而去请教牛顿,没有想到牛顿这时已经独立地发明了微积分,就轻而易举地帮助哈雷解决了问题。自此,哈雷与牛顿成了莫逆之交。

牛顿一生的三大发明是:流数术(微积分)、万有引力和白光的分析。他的工作是十分辛劳的,可以说,每一次的成功都来自于 99 次的失败。他经常工作到深夜两三点,甚至是通宵达旦,直到获得满意的结果。

1684 年,牛顿毕尽全力写成的《自然哲学的数学原理》(以下简称《原理》)完稿并交由皇家学会审查,依然占据学会领导位置的胡克再次与牛顿狭路相逢,他公然指责牛顿:"你真可耻啊,人家早已解决了的问题,你又来著书立说。这本书纯粹是剽窃我的研究成果!"

脾气一向温和的牛顿再也抑制不住自己的狂怒,他拍案而起,反唇相讥:"尊敬的胡克先生,我倒是真想剽窃一下你的高作啊,可是你那几张计算过的破纸至今也没有拿出来,我真是剽窃无门啊!"

审查会议不欢而散,由于胡克的阻拦,借口学会经费紧张,牛顿出书的计划也就搁浅。好在他的挚友哈雷尽力为之奔走,终于从另外的渠道筹得一笔经费,在其亲自资助与主持下,这本科学史上划时代的巨著于 1687 年夏天出版。牛顿对哈雷的帮助特别感激,他在书的前言中特别加上了一段:

"埃德蒙·哈雷,是目光敏锐、博学多才的学者,为本书的出版付出了艰辛的劳动……从根本上说,他也是鼓励我撰写本书的人。正是他要我论证天体轨道的形状促使我发现了微积分,正是他要我将书稿呈报皇家学会而萌发了我的出版热情。"

《原理》刚出版就被抢购一空,以后又连续出版三次。《原理》热一时波动整个欧洲。一件使哈雷也感到十分意外的事是,他主持、资助出这本书,原本是出于对科学负责的正义感,没有想到这本书那么畅销,他因此而赚了一大笔钱,这也算是好心有好报吧。

4. 令人唏嘘的后半生

在《原理》出版以后直到他去世前的近 40 年中,牛顿除出版了他的另一部名著《光学》外,再没有延续他的光辉。这以后,由于名人效应,他先后担任英国下议院的议员,皇家造币厂的厂长,皇家学会的主席,还被安妮女王封为爵士。他的生活条件是极大地改善了,可是科学上不仅再没有新的建树,反而与他前半生的努力大相径庭,令人唏嘘不已。最突出的事件有二。

第一件是与德国数学家莱布尼茨关于微积分发明权的争论。他们之间虽然也有过学术交流,但那时已经是英国皇家学会会长的牛顿却继承了他的前任胡克的学阀作风,一是在问题的关键部分进行保留,二是以强权压制其他与自己有竞争力的对手。莱布尼茨是继牛顿之后又一个独立发明微积分的学者,而且其采用的数学符号比牛顿的要简单、先进,对这一点牛顿心中是很清楚的。但是牛顿却主导并支持了伦敦学会对莱布尼茨的人身攻击。与之同时,一些德国数学家则为莱布尼茨感到不平,因而群起反击,一时间这牛、莱两派竟都远离学术研究而陷入无休止的争吵中。当这种毫无意义的争执如火如荼之时,天真的莱布尼茨竟写信给伦敦皇家学会要求澄清与仲裁,当然这种"仲裁"的结果是可想而知的,莱布尼茨彻底败诉,被裁定为抄袭者。可怜的莱布尼茨因此含冤度过了他的余生,1716 年11 月 16 日,他在悲愤与孤独中过世。而对于这位至少在高等数学上与牛顿齐名的伟大德国数学家的去世,牛顿及其皇家学会一方竟连一句悼词都没有,这在一个侧面反映了他们幸灾乐祸的学阀心理。

值得提到的是,由于牛顿及其主导的皇家学会类似于"夜郎自大"般的专横,英国的数学从此不再领先,而德国与欧洲的其他一些科学家则逐渐代替英国而处于世界领先地位。

第二件事是牛顿的后半生逐渐远离科学,而投入到炼金术与神学的研究中,他也和其他的神学论者一样,企图去寻找所谓圣经密码。在牛顿遗留的手稿中,有关炼金术的内容约有 65 万字,而神学内容更达 150 万字之多。他否定哲学的指导作用,虔诚地相信上帝。当他遇到难以解释的天体运动时,就借助"神是第一推动力"的谬论加以解释。他说"上帝统治万物,我们是他的仆人"。当有人问到他:"你当初因为苹果落地而发现了万有引力,难道也是神的作用?"他竟说:"如果不是上帝让那个苹果落地,我也发现不了万有引力。"

　　在上世纪 30 年代披露的一份长达数千页的牛顿神学手稿中，有人居然发现这位曾经严谨的科学家破解的所谓圣经密码，预言世界末日将于 2060 年来到。这样，牛顿本来是继哥白尼、布鲁诺与伽利略之后对神学论最具权威的挑战者，但最终又彻底否定了自己而回到了神学论的牢笼之中。

　　牛顿临终前，他的挚友哈雷前去看他，他最后对哈雷说的话竟是："是的，我该走了……我本来就是上帝的仆人，早该回到他的身边。这一生，我为自然哲学，为我们至高无上的上帝尽了一点义务。"

　　尽管如此，人们还是记得这位曾经的伟大学者在万有引力、微积分和光学等方面对整个世界的光辉贡献。1727 年 3 月 27 日牛顿逝世，终年 85 岁，英国政府为他举行了国葬，把他葬在只有英国历史上最著名的军政人物才配安葬的地方。4 年后，人们还为他立了雄伟的墓碑，墓碑上刻着：

　　伊萨克·牛顿爵士安葬在这里。他以近于超人的智慧第一个证明了行星的运动形状，彗星的轨道，海洋的潮汐。他孜孜不倦地研究光线的不同折射角，颜色产生的种种性质。对于自然、考古和圣经，他是一个勤勉、敏锐和忠实的诠释者。在他的哲学中确认上帝的尊严，并在他的举止中表现了福音的纯朴。让人类欢呼曾经存在过这样伟大的一位人类之光。

　　这段碑文很好地诠释了牛顿是在科学与神学的混沌中结束了自己一生的。所以至今人们既怀念他给科学带来的崭新局面，又为他晚年的表现扼腕叹息。

18 多产的数学大师欧拉

◇ ⋯⋯⋯⋯⋯

18 世纪在数学史上被誉为英雄辈出的时代,微积分的日渐成熟,使得大部分研究工作都能够利用微积分进行新的创造,于是伯努利家族、拉格朗日、拉普拉斯、达朗贝尔、勒让德等一大批数学家相继涌现。但这些人或多或少都受到了同时代一位数学家的影响,他就是莱昂哈德·欧拉。拉普拉斯曾经说过:"读读欧拉,他是我们大家的老师!"

欧拉
(1707—1783)

1. 智改羊圈

欧拉于 1707 年生于瑞士巴塞尔,父亲是一名乡村牧师,也曾是数学家雅格布·贝努力的学生,欧拉的早期教育大多是从父亲那里开始的。

一天,老师刚讲完习题,小欧拉就高高地举起了自己的左手。

老师问道:"你还有什么不太清楚的地方吗?"

欧拉问:"老师,天上有多少颗星星?"

这种让老师猝不及防的问题,已经不是第一次提出了。老师对此十分反感,却又无法阻止欧拉的提问,只好敷衍道:"这无关紧要,只要你知道这是上帝镶嵌上去的就可以了。"欧拉显然不满意这个答案,继续说:"上帝怎么这么粗心啊？ 自己镶嵌上去的也忘记记数了。"

这件事不仅让老师很下不了台,还涉嫌对上帝的怀疑。这在当时神学主宰的社会里是绝不允许的,于是学校把欧拉请回家里去了。

欧拉回家后,闲极无事就帮父亲放羊,父亲的羊逐渐增多,现在已经有100只了,原来的羊圈已经不够用了,父亲决定建造一个大的羊圈,想让每只羊能有6平方米的占地面积。父亲设计了一个长40米、宽15米的羊圈,结果需要110米长的篱笆,但现在篱笆只有100米长。欧拉发现了父亲的难处,他对父亲说:"让我来试试。"只见小欧拉将40米长的篱笆改成25米,15米长的篱笆也改成了25米,这时所用的篱笆共有100米长,但面积反而超出计划25平方米。父亲看了他的设计非常高兴,夸奖小欧拉真会动脑筋。

这正是欧拉在少年时就不随便轻信"权威"、爱思考的表现,也是他日后能够成功的一个重要因素。

2. 走进数学

由于小欧拉聪明好学,13岁时便破格进入巴塞尔大学学习哲学和法律,成为瑞士最年轻的大学生。

虽然欧拉遵照父亲的意愿学了哲学和法律,但却对数学情有独钟,他总是很早就去教室听大数学家约翰·贝努力的数学课,由于思维敏捷,学习认真,很快引起了贝努力的注意,贝努力决定每周单独给他上一节数学课。在教授家里,欧拉与约翰·贝努力的儿子——未来的大数学家丹尼尔·贝努力结为好友。

17岁时欧拉取得了硕士学位,这时他的父亲要求他继承自己的职业,把全部时间和精力用到神学研究上,而放弃几乎不可能赚到钱的数学,在这关键时刻,约翰·贝努力特地去欧拉家里劝说:"您知道我遇到过不少才华洋溢的青年,但是要和您的儿子相比,他们都相形见绌。假如我的眼力不错,他无疑是瑞士未来最了不起的数学家。为了数学,为了孩子,我请求您重新考虑您的决定。"终于父亲被打动了,欧拉从事了他心爱的数学工作,当上了约翰·贝努力的助手。

1726年巴黎科学院提出了一个找出船上的桅杆的最优放置方法的问题作为有奖竞赛,19岁的欧拉参与此次竞赛得到了一个二等奖,这也是他的第一项独立的发明。如果说原来父亲的让步多少有些不太情愿的话,那么此时父亲的祝贺之词则更多的是发自内心的。

在丹尼尔·贝努力和尼古拉·贝努力的帮助下,1727 年欧拉成了圣彼得堡科学院的一员,从此他的科学工作就与圣彼得堡科学院没有分开过。1733 年,丹尼尔·贝努力离开圣彼得堡回到瑞士,26 岁的欧拉接替了他的位置,成为科学院数学研究的主要成员。

应该说欧拉在俄国的这段经历并不是很愉快的,虽然俄国政府一直很重视科学院的工作,但 1730 年安娜·伊万诺夫娜成为女皇后,她的情夫间接统治了俄国,造成了俄国一段血腥的历史,在当时任何人都不敢随便讲话,怕被告密。欧拉也不例外,他把所有的精力都用在数学研究上,所以在这里的 14 年间,欧拉在各个领域内都有许多发现,大约完成了近 90 种著作。柏林科学院听说了他的处境,于 1740 年邀请欧拉去工作,欧拉欣然同意,25 年之后才又回到圣彼得堡。在柏林的这段时间里,欧拉并没有与圣彼得堡科学院彻底分开,科学院仍然付给欧拉一部分的薪金,而欧拉也经常寄去自己的研究成果。

3. 双目失明

1735 年,欧拉仅用三天时间就计算出了一个彗星轨道的问题,这个问题本来需要几个数学家用几个月的时间来完成的,其计算量之大可想而知,因而这次过度的劳累使得他右眼失明。

从柏林回到圣彼得堡的第五年,也就是 1771 年,欧拉的左眼患上了白内障,视力逐渐恶化,在一次手术后左眼感染,导致双目失明。同年的一场火灾使欧拉的大量研究成果化为灰烬,幸好他的仆人及时从大火中把他救出,才保住了他的性命。

拉格朗日、达朗贝尔等数学家听说这些事情后,在通信中对欧拉表示了同情,然而欧拉并没有因此而垮下,他凭着自己惊人的记忆力和心算能力继续数学研究,而让他的大儿子记录下他的发现。在他失明的 17 年里仍然口述了几本书和 400 多篇论文。

欧拉不仅能很好地处理一些初等数学中的难题,还能够轻易地解决高等数学中的复杂计算。有一件事能够说明欧拉惊人的心算能力:曾有两个学生在计算一个收敛级数前 17 项的和时,在第 50 位有一个数不一样,为了确定究竟谁对,欧拉仅用心算就找出了其中的错误。

4. 多产大师

欧拉是数学史上最多产的大师,他计算复杂的运算毫不费力,他编写论文就像是做数学游戏一样。据说他的许多研究报告都是在第一次和第二次叫他吃饭的半个小时内写出来的,由于他的论文写得实在太快,而写完之后又随手放在桌子上,以至于科学院的编辑在将书稿拿去付印时,总是将后写的文章先发表,所以许多不知情的人看到欧拉好的结果总是先于较差的结果时经常感到莫名其妙。

在数学的各个分支上几乎都能看到欧拉的名字:初等几何中的欧拉线,立体几何中的欧拉定理、欧拉变换公式,微分方程中的欧拉方程,变分学中的欧拉方程,复变函数中的欧拉公式,等等。在他死后,圣彼得堡科学院用了47年时间继续发表他的论文。据不完全统计,他一生共写了886种书籍和论文。

应该指出欧拉不仅仅是一个完善者,同时也是一个开拓者。欧拉与一笔画问题是流传较广的一个故事:

哥尼斯堡是俄罗斯的一座古老的城市,布勒格尔河及其两条支流横跨市区,将市区分为如图的 A,B,C,D 四个地区,在河上架起了 a,b,c,d,e,f,g 七座桥(图1)。居民每天晚上在此散步,久而久之,人们就不禁要问:“能否在一次散步中每座桥只走一次,最终回到起点位置?”许多居民不厌其烦地逐一试验却无人能够成功。这个问题后来引起许多学者关注,也无人能够解决。

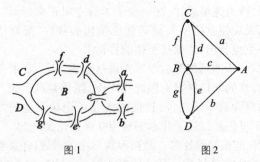

图1　　　　　　　图2

直到1735年,身在圣彼得堡科学院的欧拉经过近一年的研究,终于圆满地解决了这个七桥问题。他将原来的 A,B,C,D 四个地区简化为点,将 a,b,c,d,e,f,g 七座桥简化为线(图2)。于是,七桥问题转化为图 2 是否可以通过"一笔画"解决。所谓"一笔画"就是笔不准离开纸，一气画成整个图形，但每一条线只许画一次，不得重复。

欧拉给出的解法是：除了起点和终点之外，我们把其余的点称为中间点。如果一个图可以一笔画的话，对于每一个中间点来说，当画笔沿某条线到达这一点时，必定要沿另一条线离开这点，并且进入这点几次，就要离开这点几次，一进一出，两两配对，所以从这点发出的线必然要是偶数条。因此，一个图形能否一笔画就有了一个判别准则：奇点（与此点连接的线段条数为奇数）只有 0 个或 2 个。而图 2 中的四个点 A,B,C,D 都是奇点，所以不可能一笔连接起来，于是七桥问题无解。

5. 停止计算

1783 年天王星刚发现不久，一天下午，欧拉刚写出了计算天王星轨道的要领，喝完茶正在和他的孙子逗笑，突然疾病发作，烟斗从手中落下，口里喃喃地说"我要死了"，于是失去知觉，晚上 11 时，欧拉结束了他辉煌的一生。

正如数学家孔多赛所说：欧拉停止了计算也就停止了生命。

欧拉逝世的消息很快传到了圣彼得堡科学院，传到了俄国女皇叶卡捷琳娜二世那里，女皇为了表示对欧拉的尊敬，当即宣布取消了当天的化装舞会。

1976 年 11 月 5 日瑞士发行了一张 10 法郎的纸币（图 3）纪念欧拉。2007 年，为纪念欧拉诞辰 300 周年，俄罗斯发行了一枚 2 卢布的银币，银币的背面图案中心是欧拉的肖像（图 4）。

图 3

图 4

19　　　　　　　　　　　数学王子的风采

◇ ⋯⋯⋯⋯⋯

　　他在数学上被认为与阿基米德和牛顿有同等的地位,他的一些故事在全世界中小学生中广为流传,他 24 岁发表的《算术研究》结束了数论的无系统状态,他由于不愿轻易发表自己的论文而屡次受到同时代数学家的质疑,他就是被称为"数学王子"的德国数学家高斯。

　　高斯 1777 年出生在德国不伦瑞克一个贫穷的农民家庭里,父亲格哈德是一个正直、诚实但有些粗鲁的园丁、砌砖工人。高斯是父亲与第二个妻子多罗特娅·本茨所生。格哈德在世时,曾希望高斯将来继承他的职业以谋生,但他开明的母亲支持了他从事科学研究的选择。

高斯
(1777—1855)

1. 数学神童

高斯是数学史上少有的较早显示其数学才华的数学家。有两件事足以证实他是数学神童。

一是高斯 3 岁时,一天晚上父亲格哈德正在计算工人一周的工钱,小高斯在一旁非常专心地看着他,当父亲长舒一口气,准备结束他长长的计算时,小高斯过来拉拉他的衣角,尖声地说:"爸爸,算错了,总数应该是……"父亲半信半疑,核对了他的账单,结果表明高斯所说的数字是正确的。对于此事,高斯晚年时总是开玩笑:"我在没有学会说话之前就已经会数数了。"

二是高斯 10 岁时,已经在圣·凯瑟琳小学学习了三年。这个学校是由一个叫比特纳的人管理的,比特纳认为让他来教这些顽皮的乡下孩子,简直是大材小用,心情不好的他经常把怒气撒到学生身上。

一天,比特纳阴沉着脸进入了教室:"今天的题目是计算 1 + 2 + 3 + … + 100 的值,计算不出来的话就不用回家吃饭了!"

当同学们开始埋头苦算的时候,高斯已经拿出了自己的石板交给老师,比特纳看都没看就不耐烦地说:"再算算!"小高斯没有再算算,而是把石板放到桌子上,回到自己的座位叉手坐在那里。比特纳不时地瞥他一眼:这个年纪最小的孩子一定又是一个笨蛋!

下课时老师检查了同学们的石板,高斯的石板上只有一个数字:5050,而其他同学的答案都是错的。

事后,比特纳询问了高斯的做法。

高斯说:"要计算的是 1 + 2 + 3 + … + 100,它也可以写成 100 + 99 + 98 + … + 1,这两个式子相加的话可以得到(1 + 100) + (2 + 99) + (3 + 98) + … + (100 + 1),共 100 个 101,即 100 × 101 = 10100,所以 1 + 2 + 3 + … + 100 = 10100 ÷ 2 = 5050。"

高斯的做法深深地震撼了比特纳,这种方法正是数学家们长期努力找到的等差数列的求和方法,高斯在没有任何人指导的情况下自己能够在很短时间内独立地做出,这绝对不是一件寻常的事情。

2. 智答公爵

从此比特纳对这名学生的态度有了大转弯,对高斯而言,他成了一个仁慈的老师。他自己花钱为高斯买了最好的算术书,没用多长时间高斯就已经都看完了,比特纳只好给他寻找更好的老师,"他已经超过我了,我没有办法教给他更多的东西。"

幸运的是,比特纳的助手巴特尔斯是个非常喜欢数学的人,高斯很快和这个比他大 7 岁的年轻人成为形影不离的好友。两人一起学习,相互帮助。1791 年巴特尔斯把高斯推荐给了不伦瑞克的公爵斐迪南,公爵也想见识一下这位传说中的神童,于是很快就会见了高斯。

当腼腆的高斯到达公爵家里时,公爵对他说:"听说你很聪明,在很短时间就算出了比特纳给你的难题。你愿意也接受我的考查吗?"

高斯鼓起勇气说:"我试试吧。"

公爵说:"我有一片牧场,如果放养 27 头牛,则 6 个星期就可以把草吃光;如果放养 23 头牛,则 9 个星期可以把草吃光;如果放养 21 头牛,几个星期可以把草吃光呢?"

"应该是 12 个星期吧。"高斯沉思了一会儿说。

"太棒了! 你是怎么做出来的呢?"巴特尔斯鼓励道。

"我们可以假设每头牛每星期的吃草量为 1,则 27 头牛 6 个星期共吃草 $27 \times 6 = 162$,23 头牛 9 个星期共吃草 $23 \times 9 = 207$,两者的差 $207 - 162 = 45$ 为 3 个星期牧草的生长量,所以牧草每星期生长 $45 \div 3 = 15$。

因此牧场原有的牧草量为 $162 - 15 \times 6 = 72$。

而每星期新长出的牧草为 15,够 15 头牛吃。所以牧场上的草够 21 头牛吃几星期,只需要看原有的牧草够剩下的 6 头牛吃几星期即可。而 $72 \div 6 = 12$,所以可以吃 12 个星期。"高斯解释道。

高斯的思维如此敏捷,以至于斐迪南夫妇十分惊讶。公爵高兴地说:"果然聪明! 听说你家境贫寒,你父亲不想让你继续学习,而想让你好早点工作挣钱。如果真是这样,我觉得太可惜了。所以我决定资助你继续上学,以解除你的后顾之忧。"

第二年高斯进入了卡罗琳学院,公爵兑现承诺支付了学费。事实上,公爵对于高斯的资助远不止于此,他还提供高斯的一些经济来源,以后还资助他出版了《算术研究》。

3. 锋芒初露

卡罗琳学院里的一切都吸引着高斯,在这里他学会了希腊文、拉丁文、法文,还有代数、几何与微积分等课程。此时的高斯对语言学与数学兴趣很浓,也因此,一个问题始终困扰着他:自己究竟从事语言学研究还是数学研究?

课余时间,高斯经常去钻研外文与数学,他研读了牛顿、拉格朗日、欧拉等大数学家的原著,两年后17岁的高斯证明了数论中的一个定理——二次互反律,这是一个包括欧拉在内的许多数学家都研究过的问题,但高斯第一个给出了严格证明。

二次互反律是一个关于同余方程的问题,"同余"是数论中的一个基本概念。

如果 a 与 b 除以 m 的余数相等,则称 a 与 b 模 m 同余,记作 $a \equiv b \pmod{m}$,这也是高斯首创的记法。例如 5 除以 2 余数为 1,7 除以 2 余数为 1,所以 $5 \equiv 7 \pmod{2}$。

若 $x \equiv 5 \pmod{3}$,则 x 可能是 2,8,11 等等,这便是一个同余方程。

二次互反律的基本内容如下:

若 p,q 为相异的素数,则一对同余方程 $x^2 \equiv q \pmod{p}$ 与 $x^2 \equiv p \pmod{q}$ 同时可解或同时不可解。除非 p 和 q 被 4 除都余 3。

例如 $x^2 \equiv 2 \pmod{7}$ 与 $x^2 \equiv 7 \pmod{2}$ 分别有解 $x=4$ 与 $x=3$,因为 2,7 被 4 除的余数分别为 2 和 3;而 $x^2 \equiv 3 \pmod{7}$ 与 $x^2 \equiv 7 \pmod{3}$ 前者无解,后者有解 $x=4$,因为 3,7 被 4 除的余数都为 3。

1795 年 10 月,高斯进入哥廷根大学,在这所作为世界数学中心的学校里,丰富的藏书和良好的学术氛围深深地影响了高斯,同时也是在这所大学里,高斯完成了他的代表作《算术研究》。

1796 年的一天晚上,高斯照例做导师布置给他的数学题,和往常一样,他在两个小时内就顺利完成了前两道题,但第三道题一时把他难住了,这个题目是:只用圆规和没有刻度的直尺画一个正十七边形。困难没有把这个年轻人打倒,而是让他越发士气高昂:"我一定要把它做出来!"天亮时,高斯终于做出了这个难题。当他把作业交给导师时,导师对高斯说:"这个题目是我不小心夹到里面的,你解开了一个有两千多年历史的难题,阿基米德、牛顿都没有做出来,你居然只用一个晚上就解出来了!"这件事坚定了高斯走数学研究而不是文学研究的道路的决心。多年以后高斯回忆此事时说:"如果我知道这是一个千年未解的难题,我不可能在一个晚上就解决它。"

1799 年,高斯完成了他的博士论文《每一个单变量的有理整函数都能分解成一阶或二阶实因子的一个新证明》,在这篇论文中证明了代数学中的一个基本定理:每一个 n 次方程在复数范围内必有一个根。

要理解上述定理,需要对我们认识数系的过程作一个简单的回顾:我们最开始接触的是自然数,然后数不够用了,就将自然数扩充到了整数,又将整数扩充到了有理数(即整数和分数),但是还是不够用,我们又认识了 $\sqrt{2}$,π 之类的数,就把数扩充到了我们现在所认识的实数。

有了这个扩充之后就可以在各个数系内考虑方程的问题,如 $x^2 - 2 = 0$ 在有理数范围内没有根,但在实数范围有根 $\pm\sqrt{2}$,这说明方程的根与其所考虑的数系是有关系的。

但并不是所有的方程在实数范围内都有根,如 $x^2 + 2 = 0$ 这个二次方程就没有实根,数学家在解决这一类问题或其他问题时就遇到了给负数开方的问题,为了解决这些问题,引入了一个新的数 i,也就是虚数单位,满足 $i^2 = -1$,同时将实数系扩充到了形如 $a + bi$(其中 a,b 为实数)的数,也就是复数。复数的运算与多项式的运算完全相似,于是方程 $x^2 + 2 = 0$ 就有根 $\pm\sqrt{2}i$,这是因为 $(\pm\sqrt{2}i)^2 + 2 = -2 + 2 = 0$,同样任意一个 n 次方程,如三次、四次方程等都至少有一个根。这就是代数基本定理。

在哥廷根大学的三年,高斯完成了他的著作《算术研究》,1800年高斯将手稿寄给法国科学院请求出版,但被拒绝,于是他的好心的资助人斐迪南公爵于 1801 年出资印刷了此书,并给予他一笔津贴,使他可以继续他的科学研究。

《算术研究》的主要内容是"数学中的整数部分"也就是数论。全书共 8 节,但为了节省出版费用,只出版了 7 节。它的出版结束了

19 世纪以前数论的无系统状态。在这部书中,高斯对前人在数论中的一切杰出而又零星的成果给予系统的整理与推广。

4. 兴趣转移

就在高斯出版《算术研究》的同年,天文学家观测到一颗接近太阳的星体(谷神星),41 天之后它就消失了,当时人们无法确信它是一颗彗星还是一颗行星,这个问题引起了天文学界乃至哲学界的争论。正当高斯在他的数学王国辛苦耕耘的时候,这个问题把他引入到天文学的领域。

一直受公爵资助的高斯并不想心安理得地继续接受这种资助,他需要找到一个赚钱的职位。谷神星问题的出现给高斯造就了一个绝好的机会:如果他能够预测谷神星的位置,就可能为自己找到一个更合适的职位。几个月以后,这颗行星准确地出现在了高斯指定的位置上。

谷神星再次被发现后,对高斯的赞誉接踵而来,一位业余爱好者问拉普拉斯谁是德国最伟大的数学家时,拉普拉斯回答:"普法夫。"这位爱好者惊讶地问:"那高斯呢?""他是全世界最伟大的数学家。"

一些合适的职位此时也向高斯伸出了橄榄枝,1807 年圣彼得堡给高斯提供了令人满意的条件,希望他去圣彼得堡科学院接替欧拉的职位。同时德国人也不愿意失去这一伟大的数学家,高斯被任命为哥廷根天文台台长,此后高斯一直担任这个天文台台长的职务。

从谷神星被发现直到 1820 年左右,高斯的主要兴趣都在天文学方面。1820 年,高斯开始了对汉诺威全境的地图测量工作,又对测地学、保角映射作了研究,主要成果出版在《关于曲面的一般研究》中。1828 年高斯认识了物理学家韦伯,从此与韦伯进行了长期的合作,他也因此闯入了一个全新的领域:数学物理学、电磁学。1830 年他与韦伯合作发明的电报机是世界上第一台有线电报机。从 1841 年直到1855 年去世,高斯的主要精力又放在了拓扑学,以及与单复变函数相联系的几何学中。

5. 治学严谨

高斯的治学态度非常严谨,他发表作品的原则是"宁缺毋滥"。

他的《算术研究》也是经过多次加工润色才决定发表,以至于集合论的创始人康托尔评价《算术研究》时说出了下面一段话:

它是数论的宪章。高斯总是迟迟不肯发表他的著作,这给科学带来的好处是,他付印的著作在今天仍然像第一次出版时一样正确和重要,他的出版物就是法典。比人类其他法典更高明,因为不论何时何地从未发觉出其中有任何一处毛病,这就可以理解高斯暮年谈到他青年时代第一部巨著时说的话:"《算术研究》是历史的财富。"他当时的得意心情是颇有道理的。

高斯的《算术研究》能够得到如此高的评价,也是由于他对于每一个小的问题都要求十分完美,都花费了不少的精力,他曾指着《算术研究》第 633 页上一个问题动情地说:"别人都说我是天才,别信他! 你看这个问题只占短短几行,却使我整整花了 4 年时间。4 年来我几乎没有一个星期不在考虑它的符号问题。"

高斯的日记中涉及数学的各个分支,大部分问题都因为他认为其不完善而没有发表,这也引起了他与其他数学家的冲突。可以找到的例子有两个:

一是数学家勒让德于 1806 年发表了最小二乘法,而高斯在 1809 年发表的《天体运行论》中称他很早就发现了最小二乘法,这让勒让德怀恨在心,认为是高斯剽窃了自己的成果,从此视高斯为终生的敌人。

第二件事情是:匈牙利数学家波尔约发现非欧几何后,其父 F. 波尔约将其书稿寄给高斯,请他作一个评价,高斯回信说:"称赞他就等于称赞我自己,整篇文章的内容,您的公子采用的思路和获得的结果与我 30 年前的思考不谋而合。"波尔约对此十分生气,直至 1860 年含恨死去。

诸如此类事情,高斯从来不去辩解,也不去拿出他的日记证明,导致了许多这样不愉快的事件接连发生。这也是高斯严谨治学、淡泊名利所引发的一些负面影响。

20 "三大作图" 千年话

◇ ┈┈┈┈┈┈

古希腊在数学史上占有相当重要的地位,与四大文明古国注重应用不同,古希腊人对于数学问题通常不仅仅限于"知其然",更强调的是"知其所以然",他们对一些问题的要求更苛刻。从而使得古希腊的许多数学著作与数学问题直到今天仍然影响着一代代的数学家,这其中就包含了尺规作图的三大难题。

1. 神灵发怒

约公元前 430 年左右,希腊第罗斯岛瘟疫暴发,岛上居民病死无数,人心惶惶。人们选举了几个有威望的人去神庙向太阳神阿波罗求助。

巫师传达神的旨意说:"你们的祭坛太小了,祭祀的物品经常掉落下去,所以太阳神发怒了,他要求你们把神殿前的正方体祭坛扩大为原来的 2 倍,否则瘟疫就不会停止!"

无知而又惊慌的岛民听到这个要求时,顿时觉得松了一口气,原来太阳神的要求还是不难满足的,他们高兴地回去了。

几天后,神殿前就出现了一个新的祭坛,每一条棱的长度都是旧坛棱长的 2 倍,但瘟疫并没有就此停止,居民们很奇怪太阳神为什么不兑现他的承诺,但又无能为力。一个聪明的学者看出了其中的问题:"棱长是原来的 2 倍,则体积应该是原来正方体的 8 倍,而不是 2 倍,因此这是不满足神的要求的。"

于是,岛上的居民又做了一个与原来形状大小完全一样的祭坛,并排放在那里,但瘟疫仍然没有停止,巫师告诉他们:"太阳神要的是与原来形状一样的正方体,而你们这样做却成了一个长方体。"

岛民再次陷入迷茫:正方体的体积是原来的 2 倍,那它的棱长是多少呢? 如何才能作出这样的正方体?

2. 大师出马

岛民几经思考仍然没有得到结果,这时其中的一个人说:"我听说雅典有一位叫柏拉图的哲人,也许他可以帮我们解决这个问题。" 在大家同意后,派出了一名年轻力壮的小伙远赴雅典去请教柏拉图。

柏拉图接到这个问题后,思考了一段时日,给出下面的方法:

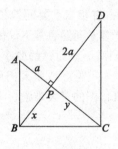

图 1

如图 1,作两条互相垂直的直线 PA,PD,取 $PA=a$,$PD=2a$,在直线 DP,AP 上分别取 B,C 两点,使 $\angle ABC = \angle BCD = 90°$。设原来正方体的棱长为 a,$PB=x$,$PC=y$,由直角三角形的性质可知,$x^2=ay$,$y^2=2ax$,于是 $x^3=2a^3$,x 就是所要找的新的正方体的棱长。

柏拉图又对来者说:"虽然这样做可以找到新的正方体的棱长,但在找 B,C 两点时仅用直尺和圆规是不能办到的,需要用两个直角三角板移动,这不符合我们一贯严格的作图方法,我们在作图时是只能用无刻度的直尺和圆规的。我现在还没有合适的方法,不过我以后可以继续研究。"

柏拉图还说:"连同这个问题,我一共有三个问题没有解决:

三等分角问题——任意给一个角,仅用直尺和圆规将其三等分;

化圆为方问题——用直尺和圆规作一个正方形,使其面积等于已知圆的面积;

倍立方问题——用直尺和圆规作一个正方体,使其体积等于已知正方体体积的2倍。"

来访者一心想着岛上的瘟疫,哪有心思听他的长篇大论,早将刚才的画法记下回到第罗斯岛解救他受苦受难的兄弟去了,只留下柏拉图一个人在那里自顾自地研究他的问题。

3. 英雄折腰

不幸的是神灵还是没有帮助岛上的居民,而且数月后瘟疫就传播到了雅典城。但是名医希波克拉底不相信神灵发怒的说法,远赴雅典调查疫情,寻求解决瘟疫的办法,终于在三年后,瘟疫逐渐退去。

希波克拉底在解决瘟疫及行医的过程中也认识了雅典城的一些哲学家,其中包括柏拉图,他也从柏拉图那里了解到了三大作图问题。

一天,柏拉图又去拜访希波克拉底,看到他正在与一位客人聊天,这位客人就是安提丰。希波克拉底作了一番介绍之后,安提丰对柏拉图说:"你说的化圆为方问题我有一个思路:对于圆的内接正多边形而言,可以用尺规作出与其面积相等的圆,所以可以从圆的内接正方形开始,边数不断加倍,可得到内接正八边形,正十六边形,…,正 2^n 边形,而 n 越大,圆面积越接近内接多边形面积。而正多边形化为正方形是可作的,所以按照这样的方法可以得到一个与圆等面积的正方形。"

希波克拉底敏锐地看到了这个解法的问题所在:"你所说的最后的多边形是无法取到的,因为这种'倍边'的过程永远不会结束。"

"那你是不是有什么好的办法呢?"柏拉图问道。

希波克拉底于是在沙地上作了图2,解释道:"如图2,以 AB 为直径作半圆,设圆心为 O,作 $OC \perp AB$,交半圆于点 C,连接 AC,BC,以 AC

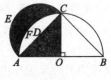

图2

为直径作半圆 AEC，则形成了一个新月形 $AECF$。

在三角形 OAC 中，可知 $AC = \sqrt{2}AO$，

由于扇形 OAC 的面积为 $S_1 = \dfrac{1}{4} \times \pi \times OA^2$，半圆 ACE 的面积 $S_2 = \dfrac{1}{2} \times \pi \times \left(\dfrac{1}{2}AC\right)^2 = \dfrac{\pi}{4} \times OA^2$，这两部分的面积相等，而两部分的面积减去 $AFCD$ 的面积之后分别为新月形 $AECF$ 的面积和三角形 OAC 的面积，从而新月形 $AECF$ 的面积与三角形 OAC 的面积相等。

这样就将一个新月形的面积转化为一个三角形的面积了，又三角形的面积可以化为一个正方形的面积。因而可以实现化新月形为正方形。"

柏拉图惊呼："作为一个医生，是你第一次将一个曲边图形化为正方形。你真是太了不起了！"

这一声惊呼，给希波克拉底本人，也给其他学者带来了希望，然而需要说明的是希波克拉底的这种作法不能推广到任意的新月形。实际上一直到 20 世纪，数学家切巴托鲁和多罗德诺才证明了这只对五种特殊的新月形是可行的，因而后来沿着这条路解决其他问题所做的努力都是不成功的。

这一次对话就成为哲学大师柏拉图、安提丰、名医希波克拉底对三大作图问题的最好贡献，他们将这个问题的解答留在了身后，留给了千千万万有志于献身数学事业的人。

4. 初现转机

这以后，对三大作图问题做出努力的还有阿基米德、帕普斯、勃洛特等，阿基米德、帕普斯发现了三等分角的好方法，勃洛特给出了解决倍立方问题的方法。可是，所有这些方法，不是不符合尺规作图法，就是近似解答，都不能算是真正地解决问题。

两千多年过去了，三大作图问题还是没有解决，于是一个自然的问题便出来了：是不是不存在这样的作图方法？我们知道一些问题是可以只用尺规作出来的（如作角平分线、线段的中垂线等），那么这些问题与这三大作图问题之间又有什么区别？或者更彻底地说哪些

问题是能用尺规作出来的,哪些又是不能的?

1796 年数学王子高斯作出了一个正十七边形,五年后,他证明了一个尺规作图的重大定理:如果一个奇素数 P 是费马素数(形如 $2^{2^n}+1$ 的数,$n=1,2,3,\cdots$),那么正 P 边形就可以用尺规作图法作出,否则不能作出。这一定理至少证明了有些问题是不能用尺规作出的,我们前面所说的问题也就不是空穴来风。

那么三大作图问题是不是不能用尺规作出呢?

5. 胜利凯旋

我们把能用尺规作出的数称为尺规数,接下来数学家的任务就是寻找哪些数是尺规数。

解析几何的诞生为此带来了新的希望。我们知道直线和圆,分别是二元一次方程和某些二元二次方程的轨迹。而求直线与直线、直线与圆、圆与圆的交点问题,从代数的角度就是解一次方程组或二次方程组的问题,最后的解一定可以从方程的系数(已知量)经过有限次的加、减、乘、除和开平方求得。因此,一个几何量能用直尺圆规作出,当且仅当它可由已知量经过有限次加、减、乘、除、开平方运算求得。

哪些数才能由已知量经过有限次加、减、乘、除和开平方得到呢?数学家把实数分成了两大类:代数数和超越数。

如果一个数是整系数方程 $a_n x^n + a_{n-1} x^{n-1} + \cdots + a_1 x + a_0 = 0$ 的实根,则这个数就是代数数,否则就是超越数。如 $\sqrt{2}$ 是方程 $x^2 - 2 = 0$ 的实根,所以 $\sqrt{2}$ 是一个代数数,$\sqrt[3]{1+\sqrt{5}}$ 也是一个代数数,因为它是方程 $x^6 - 2x^3 - 4 = 0$ 的根。

数学家已经证明了尺规数是代数数的一部分,只有一小部分的代数数才可以用尺规作出,其他的代数数和超越数都是不能用尺规作出的。三种数的关系如图 3。

三大作图问题都可以归结为一个方程的根是否为尺规数。

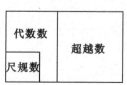

图 3

倍立方问题:设原来正方体的棱长为 1,新的正方体棱长为 x,则 $x^3 - 2 = 0$;

三等分角问题可通过三角变换和换元得到方程 $8x^3 - 6x - 1 = 0$;

化圆为方:设原来圆的半径为 1,正方形的边长为 x,则满足 $x^2 = \pi \times 1^2 = \pi$,从而 $x = \sqrt{\pi}$。

1837 年,23 岁的万芝尔得到了这样一个定理:一个三次方程的根若都是无理数,那么这些根都不是尺规数。而倍立方和三等分角所涉及的两个三次方程都没有有理根,从而证明了倍立方与三等分任意角不可能仅用尺规作出。

化圆为方问题的解决稍晚一点,1882 年,林德曼证明了 π 是超越数,从而 $\sqrt{\pi}$ 也是超越数,这才证明了化圆为方是不可能的。

至此,三大作图问题得到了圆满的解决。从这里我们至少可以看到两点:

一是传统的观念认为一个数学问题一定有一个确定的答案,而三大作图问题最终的解决却是不可能,这也是数学思想的一大飞跃;

二是三大作图问题最终通过代数手段解决,将几何与代数紧密结合起来,同时也催生了许多副产品,我们看到人们对问题的不懈探究正是数学发展的一个原动力。

21 人民数学家华罗庚

◇ ....

他只有初中文凭,却凭借勤奋自学成为清华大学的教授,在晚年时又被选为美国科学院国外院士、第三世界科学院院士、联邦德国巴伐利亚科学院院士;他被称为"中国数学的圆心",新中国成立后,他克服重重困难回到祖国,为我国的数学发展做出了巨大的贡献;他将数学与生产实践结合,在中国的广袤大地上,到处都有他推广优选法与统筹法的足迹;他不仅是一位数学家,而且才华横溢、诗文俱佳,留下了不少佳作。他就是中国解析数论、典型群、矩阵几何学、自导函数论的研究者和创始人——"人民数学家"华罗庚。

华罗庚
(1910—1985)

1. 慧眼识珍珠,良师辨人才

华罗庚 1910 年 11 月 12 日生于江苏省金坛县,父亲开一间小杂货铺,家境并不富裕。他小时候的数学成绩并不突出,相反却因为字迹潦草又有些贪玩,在初中考试时曾经不及格。幸好在初中时遇到了他的第一个伯乐。

初一时,数学教师王维克出了一道题目:"今有雉兔同笼,上有三十五头,下有九十四足,问雉兔各几何?"这是摘自《孙子算经》中的名题,老师的话音刚落,华罗庚就说出了答案:"23 和 12。"

王维克询问了他的解法,华罗庚说:"我让所有的鸡独立,所有的兔双腿站立,这时共有 47 只脚,而这时一只鸡对应着一只脚,一只兔对应两只脚,脚比头多的数目就是兔的数目,因此共有 12 只兔,从而有 23 只鸡。"

虽然华罗庚的字迹潦草,但他的解题方法独特,王维克很快就发现了他的数学才能。一次,金坛中学的一位老师感叹学校差生多,没有人才,王维克说:"不见得吧,依我看,华罗庚就是一个……他虽然不能成为书法家,可是在数学上的才能你怎么能从他的字上看出来呢?"此后,华罗庚成了王维克家里的常客,或是借书或是向王老师请教问题,在王维克的教导下他逐渐改掉了贪玩的毛病。

王维克是华罗庚的良师益友,如果不是他慧眼识珠,中国就可能埋没了一位未来的数学旷世奇才。

2. 天才在于勤奋,聪明在于积累

初中毕业后,华罗庚没有上高中,而是到中华职业学校学习会计,但终因家境贫寒,不到一年便退学回家。

回家后,华罗庚一边帮助父亲料理杂货铺,一边继续钻研数学。那时华罗庚的资料只有从王维克那里借的三本书:一本代数,一本解析几何,一本微积分。没有一本初等的数学资料,他就只好苦钻这几本书,有什么问题不太懂就自己多琢磨,实在想不出来,就到王老师的家中请教。

华罗庚帮父亲料理杂货店时,顾客来了就做做生意、算账,顾客一走就又埋头算数学题。有时计算得入迷了,经常忘记招呼客人,也有的时候他把计算题目的结果当成要收的钱数,把顾客吓了一跳。时间久了,街坊邻居都传为笑谈,大家给他起了个绰号,叫"罗呆子"。父亲对此也是又气又急,说他念"天书"念呆了,要强行把他的书烧掉,以免影响生意。争执发生时,华罗庚总是死死地抱着书不放。

回忆当时的自学经历,他的姐姐华莲青说:"尽管是冬天,罗庚依然在账台上看他的数学书。鼻涕流下时,他用左手在鼻子上一抹,往

旁边一甩,没有甩掉,就这样伸着,右手还在不停地写⋯⋯"

1929 年,在王维克的帮助下,他找到了一份在金坛中学做会计的工作,并开始发表论文。次年在上海《科学》杂志发表了《论苏家驹之代数五次方程的解法不能成立的理由》,文章指出,苏家驹的解法中有一个 12 阶的行列式算错了。

此文引起了清华大学熊庆来教授的注意,他问周围的人:"这个华罗庚是哪个学校的教授?"当他得知华罗庚只是一个初中毕业的务工人员之后,约见了华罗庚,并请他到清华来,1931 年华罗庚被聘担任清华大学算学系办公室助理员,并被允许旁听大学的课程,算学系的图书馆也由他管,从此清华大学的课堂里就多了一个熟悉的身影。

华罗庚曾说:"我必须用加倍的时间以补救我的缺失,所以人家每天 8 小时的工作,我要工作 12 小时以上才觉得心安。"

到 1933 年,华罗庚只用了两年时间就学完了数学系的所有课程,并自学了英语、法语、德语,在国外杂志发表了 3 篇论文,被破格提升为助教,1935 年成为讲师。

1936 年,他经清华大学推荐,派往英国剑桥大学留学。在此期间他的研究成果如完整三角和的估计、华林问题等引起了国际数学界的注意。

1938 年回国,受聘为西南联大教授。从 1939 年到 1941 年,他在极端困难的条件下,写了 20 多篇论文,在此期间完成的数学专著《堆垒素数论》成为 20 世纪数论著作的经典,被先后译成多种文字出版。

1946 年 2 月至 5 月,他应邀赴苏联访问。同年 9 月,在普林斯顿高等研究所担任访问教授,1948 年又被美国伊利诺大学聘为终身教授。

3. 梁园虽好,非久居之乡

1949 年新中国成立的消息传到远在美国的华罗庚住所,他克服重重困难离开美国,于 1950 年 2 月回到香港,发表了一封致美留学生的公开信,信中写道:"梁园虽好,非久居之乡,归去来兮!""为了抉择真理,我们应当回去;为了国家民族,我们应当回去;为了为人民服务,我们应当回去;就是为了个人出路,也应当早日回去!"

回国后,华罗庚担任了清华大学的数学系主任,并开始筹建中国科学院数学研究所。他为新中国培养了一大批数学人才,王元、陆启铿、龚升、陈景润、万哲先等在他的培养下成为世界知名的数学家。他不仅对中国数学研究做出了贡献,还对中学生的数学学习有较大的热情:他在北京发起并组织了中学生数学竞赛活动,从出题、监考到阅卷,都亲自参加,并多次到外地去推广这一活动;他还写了一系列数学通俗读物,如《从杨辉三角谈起》《从祖冲之的神奇妙算谈起》《数学归纳法》等在青少年中影响极大。

他撰写的论文《典型域上的多元复变函数论》于1957年1月获国家发明一等奖,并先后出版了中、俄、英文版专著;出版了《数论导引》《典型群》(与万哲先合著)、《数论在近似分析中的应用》等著作。

从1960年起,华罗庚开始在工农业生产中推广统筹法和优选法,足迹遍及27个省、市、区,创造了巨大的物质财富和经济效益,例如,大庆油田搞过2000多个优选项目,取得1000多项具体成果;两淮煤炭开发规划提前两年完成,提前一年即能为国家多生产4000万吨原煤;湖南一军工厂生产某个产品,每年可节约120万元等等。1964年年初他写出了《统筹方法平话及补充》《优选法平话及补充》。

1978年3月,他被任命为中科院副院长,1979年加入中国共产党。应该说华罗庚回国后很大一部分精力用在了数学科普及数学应用上,用在了中国数学的宏观发展上。

美国的有关媒体曾这样评论:"华罗庚若留在美国,本可对数学界做出更多贡献,但他回国对中国的数学十分重要,很难想象,如果他不回国,中国的数学将会怎么样。"

4. 下棋找高手,弄斧到班门

在梁羽生的散文集《笔花六照》中记录了这样一件事:

1979年5月,世界解析数论大会在伯明翰召开,华罗庚应邀出席。大会闭幕之后,他接受伯明翰大学之请,在该大学讲学。

华罗庚谦虚地说:"讲学,我不敢当。不能好为人师,讲学以学为主,讲的目的是把自己的观点亮出来,容易接受别人的意见,改进自己的工作,精益求精。"

到梁羽生访问他为止,华罗庚已经接到西德、法国、荷兰、美国、加拿大等多所大学邀请前往讲学。

"我准备了十个数学问题,准备开讲。包括代数、多复变函数论、偏微分方程、矩阵几何、优选法,等等。我准备这样选择讲题,A大学是以函数论著名的我就讲函数论,B大学是以偏微分方程著名的我就讲偏微分方程……"

他对作者说道:"这不是艺高人胆大,这是我一贯的主张,弄斧必到班门!"

"中国成语说,不要班门弄斧,我的看法是:弄斧必到班门。对不是这一行的人,炫耀自己的长处,于己于人都无好处。只有找上班门去弄斧(献技),如果鲁班能够指点指点,那么我们进步能够快些;如果鲁班点头称许,那对我们攀登高峰,亦可增加信心。"

下棋找高手,弄斧到班门,这就是华罗庚先生的求学精神,你敢试试吗?

5. 才华横溢的大师

华罗庚先生不仅是数学大师,而且才华横溢,诗文俱佳。

他在描述数学中"数"与"形"的关系时,用一首诗作了形象的比喻:

数与形,本是相依倚,焉能分作两边飞。数缺形时少知觉,形少数时难入微。数形结合百般好,割裂分家万事休。切莫忘,几何代数统一体,永远联系,切莫分家。

他读唐诗《塞下曲》"月黑雁飞高,单于夜遁逃。欲将轻骑逐,大雪满弓刀",发现有常识性错误,随之写了一首诗指出:"北方大雪时,群雁早南归,月黑天高处,怎得见雁飞?"

从这两首诗可以看出华罗庚的诗文功底也是很深厚的。

1953年,科学院组织出国考察团,由著名科学家钱三强任团长。团员有华罗庚、张钰哲、赵九章、朱洗等人。途中无事,华罗庚便出一上联:三强韩赵魏,求对下联。

这里的"三强"指的是战国时期韩、赵、魏三个国家,却又嵌入了团长钱三强同志的名字,因此本联的难度就在于下联也要加入一个人名。

　　过了一会儿,还是没有人对出,华罗庚就自己写出了下联:九章勾股弦。

　　九章指的是我国古代著名的数学著作《九章算术》,书中最早记载了勾股定理,同时也与另一位成员物理学家赵九章的名字相合。此联平仄相应,古今相连,堪称一副佳联。

6. 鞠躬尽瘁死而后已

　　1985 年 6 月 3 日,华罗庚应日本亚洲文化交流协会邀请赴日访问,12 日下午在东京大学理学部作了题为《理论数学及其应用》的演讲,原定 45 分钟的演讲在日本学者的热情支持下被延长到了 60 多分钟,当他结束讲话接受献花时突然心脏病发作倒在讲台上,晚 10 时 09 分他因患急性心肌梗死而逝世。他用行动实践了自己的诺言:"最大的希望就是工作到生命的最后一刻。"

22 哥德巴赫魅中华

◇ ⋯⋯⋯⋯⋯

很难说有哪一位数学教师对数学的影响会超过他,他就是哥德巴赫;也很难说有哪一个猜想会让如此多的人去关注,去为之付出,它就是哥德巴赫猜想。

哥德巴赫
(1690—1764)

1.“小题”难倒大欧拉

1742 年,俄国莫斯科,哥德巴赫处理完他的工作之后,又埋头研究起了几天前的一个数论问题,他在纸上写出了下面的一些式子:

$3+3+3=9, 3+3+5=11, 3+5+5=13, \cdots$

$3+31+47=81, 5+31+47=83, 7+31+47=85, \cdots$

“三个奇素数的和一定是一个不小于 9 的奇数,这是容易说明的,但反过来是否也成立呢? 也就是从右往左看的话是不是每一个不小于 9 的奇数都可以表示成三个奇素数的和?”他又继续做了一些试验:

$95=5+43+47, 97=7+43+47, \cdots$

但对于无穷无尽的奇数,是不可能用这种方法列举完毕的,因而这个问题一直在他的脑中挥之不去,却又不能解决。他终于想起了他的好朋友——伟大的数学家欧拉,此时的欧拉正在德国的柏林科学院供职,哥德巴赫于 1742 年 6 月 7 日写了一封信请教这位数学大师,希望他能够解决自己的问题。

信中他这样写道:

"随便取某一个奇数,比如 77,可以把它写成三个奇素数之和:

$77 = 53 + 17 + 7$;

再任取一个奇数,比如 461,461 = 449 + 7 + 5,也是三个奇素数之和,461 还可以写成 257 + 199 + 5,仍然是三个奇素数之和。

我还对其他的数字作了一些检验,都可以说明任何不小于 9 的奇数都是三个奇素数之和。但这怎样证明呢? 我需要的是一般的证明,而不是个别的检验。"

经过近一个月的漫长等待,6 月 30 日,好朋友欧拉终于回信了,回信并没有对他的问题给出一个明确的证明,这多少让哥德巴赫有些失望,但同时欧拉给出了一个等价的说法:任何不小于 6 的偶数都是两个奇素数之和。

大师欧拉虽几经努力最终还是没有帮助老朋友解决这个看似简单的问题,不过经过欧拉的宣传,这个问题很快就被数学界所知,后来人们将如下的问题:(1)任一不小于 6 的偶数,都可以表示成两个奇素数之和;(2)任一不小于 9 的奇数,都可以表示成三个奇素数之和,称为哥德巴赫猜想。

2. 素数难以公式化

在正整数中,除了 1 和本身再没有其他约数的数叫做素数(或质数),如 2,3,5,7,11 都是素数。正整数中还有奇数($2n + 1$)与偶数($2n$)之分,一个自然的想法就是将素数表示成类似于上述的形式,这样就可以对哥德巴赫猜想做出判断,但遗憾的是至今尚未找到一个通用的式子可以去表示一切素数。于是在探索素数的道路上数学家主要是从以下几个方面入手:

(1)找出给定范围内的素数

较著名的是埃拉托斯特尼筛法,是公元前 250 年由古希腊数学家埃拉托斯特尼所提出的一种简单检定素数的算法。

如要找 50 以内的素数时具体算法如下:先用 2 去筛,即把 2 留下,把 2 的倍数 4,6,8,…,50 剔除;再用下一个数 3 去筛,把 3 留下,把 3 的倍数 9,15,…,45 剔除(前面已剔除的不再考虑);接下去用下一个数 5 筛,把 5 留下,把 5 的倍数 25,35 剔除掉;再用 7 筛,把 7 留下,把 7 的倍数 49 剔除掉。所以 50 以内的素数为 2,3,5,7,11,13,17,19,23,29,31,37,41,43,47。通常可通过列表的方法逐一剔除,即先写出 2—50 的一切整数,然后分别删去 2,3,5,7 的倍数。

若要找 n 以内的素数,用同样的方法去筛即可,需要说明的是这里只需筛到不大于 $\sqrt{n}$ 的最大整数就可以。如 $n=50$,只需筛到 7 即可,因为 $7<\sqrt{50}<8$,若 $n=100$,只需筛到 10 即可,因为 $\sqrt{100}=10$,若 n 较大,则此方法的优点则更加突出,如 $n=10000$ 时,只需筛到 100 即可。

(2)给定一个可以产生素数的公式

1640 年费马提出了一个产生素数的公式,通常称为费马素数,但已被证明这是一个错误的猜想(可参看《会玩数学的律师》一文)。

与费马同时代的梅森也给出了一个产生素数的公式:当 p 为素数时,形式为 $M_p=2^p-1$ 的素数称为梅森素数。不过,这个公式也有一些是不成立的,1903 年在美国数学学会上,数学家柯尔首先在黑板上算出 $2^{67}-1$,接着又算出 $193707721\times761838257287$,两个结果完全相同,这时全场观众站起来为他热烈鼓掌,这次无言的报告否定了"M_{67} 为素数"这一自梅森断言以来一直被人们相信的结论。

上述两个著名的素数的例子说明人们即使给出一个可以任意产生素数的公式也是相当困难的。

(3)素数分布的规律

素数在自然数中占有极其重要的地位,但是它的变化非常不规则。最初的研究方法,是通过观察素数表来发现素数分布的性质。现有的较完善的素数表是 D. B. 扎盖尔于 1977 年编制的,列出了不大于 50000000 的所有素数。从素数表可以看出:在 1 到 1000 中间有 168 个素数,在 1000 到 2000 中间有 135 个素数,在 2000 到 3000 中间有 127 个素数,在 3000 到 4000 中间有 120 个素数,在 4000 到 5000 中间有 119 个素数……在 9000 到 10000 中间有 112 个素数。由此可看出,素数的分布越往上越稀少。在这方面比较著名的是勒让德和高斯发现的素数定理,但该定理所给的也只是小于 x 的素数个数的一个估计,而不是精确值。

3. 陈氏一夜振寰宇

整整两个世纪没有人能够接近哥德巴赫猜想这颗明珠,这期间对于猜想的主要工作还是验证,没有一个正面的方法去证明它。直到 20 世纪的 20 年代,人们才开始从一个新的方向去靠近它:每一个大偶数是两个素因子不太多的数(如 $6 = 2 \times 3$,6 的素因子为 2 和 3)之和。数学家们想这样来设置包围圈,由此来证明哥德巴赫猜想是正确的。

由此思路得到的一些主要成果如下:

1920 年,挪威数学家布朗用筛法证明了:每一个大偶数是两个"素因子为九个的"数之和,简称(9 + 9);

1924 年,拉德马哈尔证明了(7 + 7);

1932 年,爱斯斯尔曼证明了(6 + 6);

1938 年,布赫斯塔勃证明了(5 + 5);

1940 年,布赫斯塔又证明了(4 + 4);

1948 年,兰恩易证明了(1 + 6);

1956 年,维诺格拉多夫证明了(3 + 3);

1958 年,我国数学家王元又证明了(2 + 3);

1962 年,我国数学家潘承洞证明了(1 + 5);同年王元、潘承洞又证明了(1 + 4);

1965 年,布赫斯塔勃、维诺格拉多夫和数学家庞皮艾黎都证明了(1 + 3)。

1949 年,福州英华中学,一位老师向学生们介绍了哥德巴赫猜想,并说:"自然科学的皇后是数学,数学的皇冠是数论,哥德巴赫猜想则是皇冠上的明珠。""你们都知道偶数和奇数,也都知道素数和合数,我们小学三年级就教这些了。这不是最容易的吗? 不,这道题是最难的呢。要有谁能够做出来,不得了,那可不得了呵!"课堂马上被同学们的吵闹声淹没了,"我能做出来,我能做出来",一些同学大叫着,只有一个人一直没有说话,他就是陈景润,他把所有的愿望和所有的激情埋在心底,只等着积蓄力量,一鸣惊人。

1953 年,陈景润从厦门大学毕业,分配到北京一所中学当教师,但由于他不善言谈,学生都听不懂他的课,于是学校安排他批改学生的作业。厦门大学校长王亚南听说此事后,把陈景润调回厦门大学当图书馆管理员,但又不让他管理图书,只让他安心研究数学。

陈景润没有让王校长失望,三年后陈景润研读了华罗庚的《堆垒素数论》并指出其中的一个问题,文章传到华罗庚那里,华罗庚看了以后立即发现他是一个数学界的人才,将陈景润调到中科院数学研究所,这时的陈景润已经积累了深厚的科学素养,开始潜心研究他内心深藏了几十年的难题:哥德巴赫猜想。

在一个仅六平方米的小屋里,他日复一日地演算着,屋里放草稿纸的两个麻袋清了一次又一次,1966 年 5 月陈景润终于在中国科学院的刊物《科学通报》第 17 期上宣布他已经证明了$(1+2)$,但论文《大偶数表为一个素数及一个不超过二个素数的乘积之和》是在 1973 年才正式发表的。这也是目前世界上研究哥德巴赫猜想的最好结果,国际上将这个结果称为陈氏定理。

需要说明的是陈景润的结果还不是哥德巴赫猜想的$(1+1)$,从$(1+2)$到$(1+1)$还有很长一段路要走,在他证完$(1+2)$之后直到去世始终也没有完全攻克$(1+1)$。

4. 哥德巴赫魅中华

1978 年徐迟的一篇报告文学《哥德巴赫猜想》一夜间让陈景润成了科学名人,同时也让大众了解了哥德巴赫猜想,由于哥德巴赫猜想通俗易懂,一时间也引起了不少民间科学家的关注。王元先生说,《哥德巴赫猜想》发表后,他和陈景润不知收到了多少封讨论哥德巴赫猜想的来信,也不知有多少人宣称已经解决了这个问题。

2000 年 3 月 20 日,英国费伯出版社和美国布卢姆斯伯里出版社为宣传小说《彼得罗斯大叔和哥德巴赫猜想》宣布:谁能在两年内解开哥德巴赫猜想这一古老的数学之谜,可以得到 100 万美元的奖金。

通俗易懂的猜想再加上 100 万美金的诱惑,让越来越多的民间科学家参与到猜想的证明里。2002 年在中国举行国际数学家大会前夕,中科院收到的关于猜想研究成果的稿件也越来越多。中科院研究员李福安表示由于猜想表述非常简洁,大多数的人都能懂,所以很多人都想来破解这个难题,但不少作者既缺乏基本的数学素养,又不去阅读别人的数学论文,结果都是错的。

吴文俊说:"一些业余爱好者会一点儿数学,有一点儿算术基础,就去求证(1+1),并把所谓的证明论文寄给我。其实像哥德巴赫猜想这样的难题,应该让'专门家'去搞,不应该成为一场'群众运动'。"

为此,许多数学家对数学爱好者提出忠告:"如果真想在哥德巴赫猜想证明上做出成绩,最好先系统掌握相应的数学知识,以免走不必要的弯路。"

这正是:

小题难倒大欧拉,素数难以公式化? 陈氏一夜震寰宇,哥德巴赫魅中华。

后记

◇ ....

　　五千多年的人类文明史,说到底是从文和理两个方面展开的,它们互促互进,相辅相成。缺少了任何一个方面,这社会文化就只留下"半壁江山"。可是现代国人的文化生活,无论是电视电影,还是曲艺小品,似乎都是"文"的特区,而与"理"无关。所以长期以来,特别是许多青少年形成一种错觉:"文"一定丰富多彩,"理"必然枯燥无味。这种不均衡现象不仅不利于"理",也限制了"文"的健康发展。

　　山西教育出版社的朋友们慧眼独具,决定组织出版一套涵盖文理各方面的"传奇"性的业余课外读物。于是,分别位于山西、福建、湖北的几位从未直接谋面的朋友,为这种极具社会公德的勇敢行为所吸引,牵手合作,用了近半年的时间,才完成这部《数学传奇》。

　　不同于传统数学书籍的是,本书宣讲亦文亦理的数学文化:

　　其一,本书写出的是"好玩"的数学,屏蔽其被人为扭曲了的生涩难懂、枯燥乏味的一面,而恢复其丰富多彩、生动活泼的一面。一方面,2000多年来,许多重要的数学发现都是"玩"出来的:古希腊人因为"玩"数学而发现了"三角形数"和"正方形数",中华儿女因为"玩"数学而创造了大量诸如"韩信点兵""三人分牛""百钱百鸡""河洛神图"等数学趣题;阿基米德一生有众多的数学发现,但是他最得意的一件是通过观察一个邻家小孩的"玩"受到的启发:一个内切于圆柱的球与圆柱的数量关系,居然面积比与体积比同为2:3。为此他甚至留下遗言,将反映这种奇妙关系的图形刻在他死后的墓碑上。另一方面,不是每个人都能够"玩"出数学成果的,成功只属于那些有心与数学结缘的人。只有"心中有数",才会日有所思,夜有所梦。于是笛卡儿在睡梦中发明了直角坐标系;斐波那契通过芸芸众生所熟视无睹的兔子繁殖问题揭示了大自然的奥秘;韦达通过玩数字游戏破译了意大利人的密码,使得法国人能够大败敌军;而最让人匪夷所思的是,虽然成千上万的人都参与了"抛骰子""掷硬币""押单双"等赌博游戏,可是有心的数学人却在此基础上创立了最现代的应用数学博弈论。我国的"孙子兵法",实质上就是军事博弈,而"田忌赛马"则是最简明的博弈案例。1994年以来,共有5批诺贝尔经济奖授予了与博弈论有关的科学家,让人啼笑皆非的是尽管博弈论是一个重要的数学分支,但仅仅由于诺贝尔本人的私人恩怨,使得这些科学家只能以经济学的名义获奖。

其二,本书展示的数学不仅"好玩",更是"有用"。这主要体现在两个方面:一是数学是打开一切自然科学之门的钥匙,所以数学的精神可以变成强大的力量。于是阿基米德发现的一条公理可以"撬动地球",一个阿基米德的能量抵得上5个全副武装的罗马兵团;牛顿因为发明了微积分而使得此前的一切物理实验得到了科学的解释,著名的哈雷彗星轨道也得以准确定位,这实质上是宣告了人类征服宇宙新纪元的开始。

二是数学在开发人类智慧,发展逻辑思维能力方面有无可替代的作用。一些人认为数学无用而轻视甚至放弃数学学习绝对属于眼光短浅。台湾一位著名的音乐人,仅因为数学上的无知而犯了一个让人贻笑大方的常识性错误:当某歌手唱出"父母在,家就在"的歌词时,他评价说这句话错误,理由是"难道父母不在,家就不在吗?"众所周知,在四种数学命题中,原命题与其逆命题和否命题都不是等价的,而这位朋友给出的命题恰恰是原命题的否命题。湖北有一位著名的体育评论家,在一家地方报纸上曾多次发表趣味横生的评论,可惜的是,他的文章中也出现过"数学无用"的败笔:认为在大学里学习微积分是"白学了"。这位朋友是否想过,如果没有十几年数学的熏陶,你著文时能够有严密思维,正推反演,乃至嬉笑怒骂的能力吗?

其三，虽然数学既"好玩"，又有用，但我们又要严肃地指出：和学习任何一门文化科学一样，学好数学并不容易，不能指望一个早上就能够融会贯通。虽然是"几何王国"，也没有"王者之路"；只有在科学的攀登中不畏劳苦的人，才有希望达到光辉的顶点。所以著名的三大作图历经 2000 年方才尘埃落定；哥德巴赫猜想的王冠是如此的辉煌灿烂，虽然曾经有成千上万的人声称自己成功证明了这个猜想，但是在我国，只有独一无二的陈景润用其毕生的经历才真正做了一件有实质意义的工作，使人们大大接近了这个王冠。

征服数学虽然不易，但是一切有责任心的中国人总是对此乐此不疲。为什么？因为落后就要挨打，勤奋总能成功。这是中华儿女几千年，特别是近 100 多年血的经验教训。邓小平说"科学技术是第一生产力"，所以为中华继续腾飞而努力学习，决心征服数学，勇攀科学高峰，也是新一代青少年义不容辞的责任。

这就是说，"玩"数学只是接近数学的初级阶段，"用"数学才能真正体现数学的价值，通过刻苦钻研去"征服"数学才是一切数学人的最高境界。能够享受"征服"快感的人才是世界上最幸福最有价值的人，这是因为"无限风光在险峰"，只有登上更高的高峰才有可能"一览众山小"。

本书所牵涉的人物和故事，纵横数万里，上下几千年。只要具备初中以上文化水平的读者，就能够用不长的时间比较清晰地了解如此波澜壮阔的历史画卷。需要声明的是，虽然本书中的人物和故事都有其历史与社会背景。但本书不是考古，没有必要事事都去寻找具体的史实根据，而通常使用的是"合情推理"。这就如同我们看到的历史连续剧那样，几千年前的历史人物，当时具体是怎样对话的，谁能够说得清楚？我们没有必要去保证句句真实，但是确信我们的推理一定符合"艺术的真实"。

本书在写作过程中，始终得到了万尔遐先生的关注与帮助，江苏的巫平老师也为本书提供了有价值的文献资料，在此我们一并向他们表示深切的谢意。

编者

2012 年 3 月